AF494006

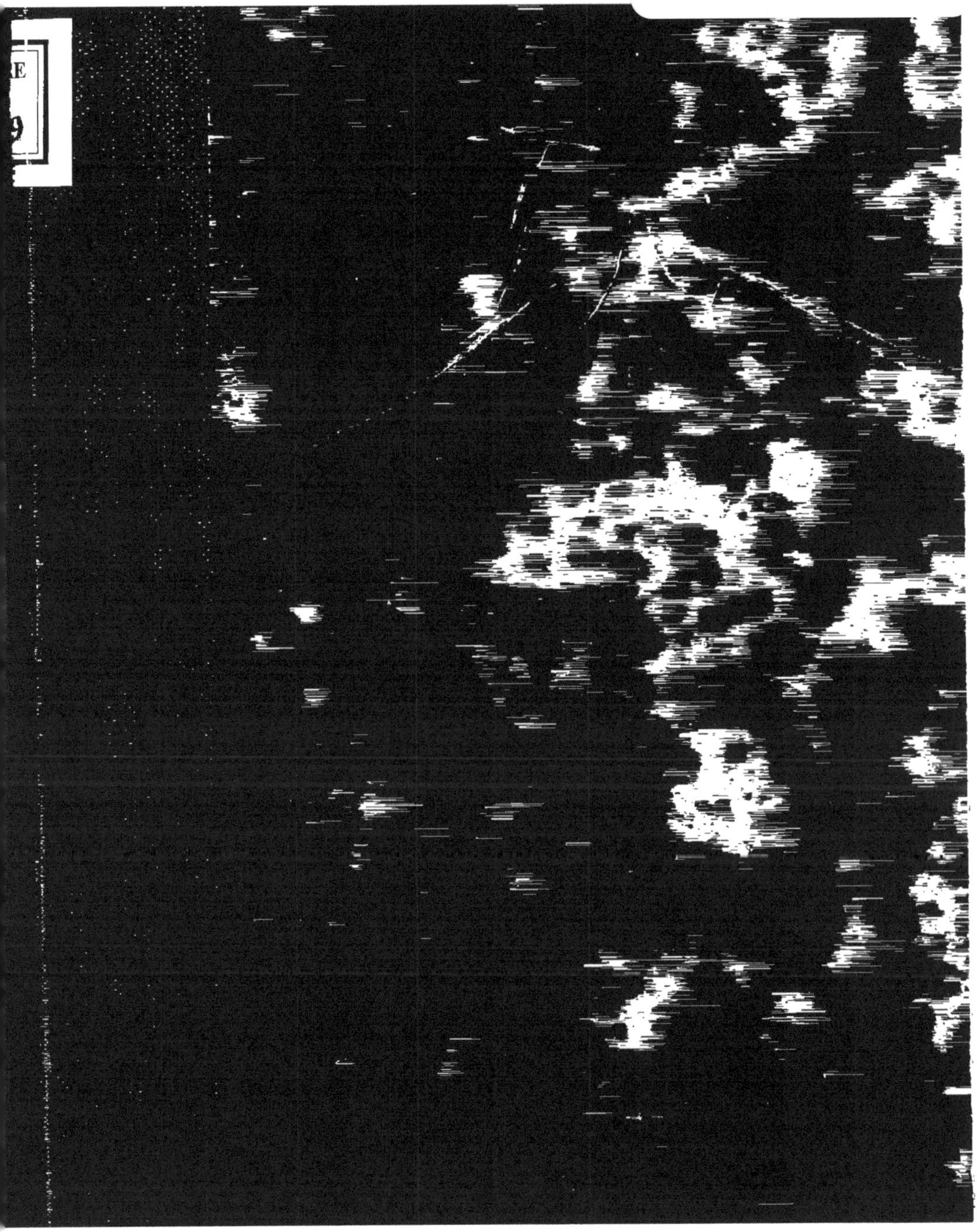

TRAITÉ

DE

GÉOMÉTRIE.

(C.)

PARIS. — IMPRIMÉ PAR E. THUNOT ET Ce,
rue Racine, 26, près de l'Odéon.

TRAITÉ

DE

GÉOMÉTRIE,

PAR

J. ADHÉMAR.

Deuxième Édition,

Revue et corrigée.

ATLAS.

Ancien Comptoir
DES IMPRIMEURS-UNIS.

PARIS,

Ancienne Maison
L. MATHIAS (AUGUSTIN).

Librairie Scientifique-Industrielle et Agricole

DE LACROIX-COMON,

15, Quai Malaquais.

1858

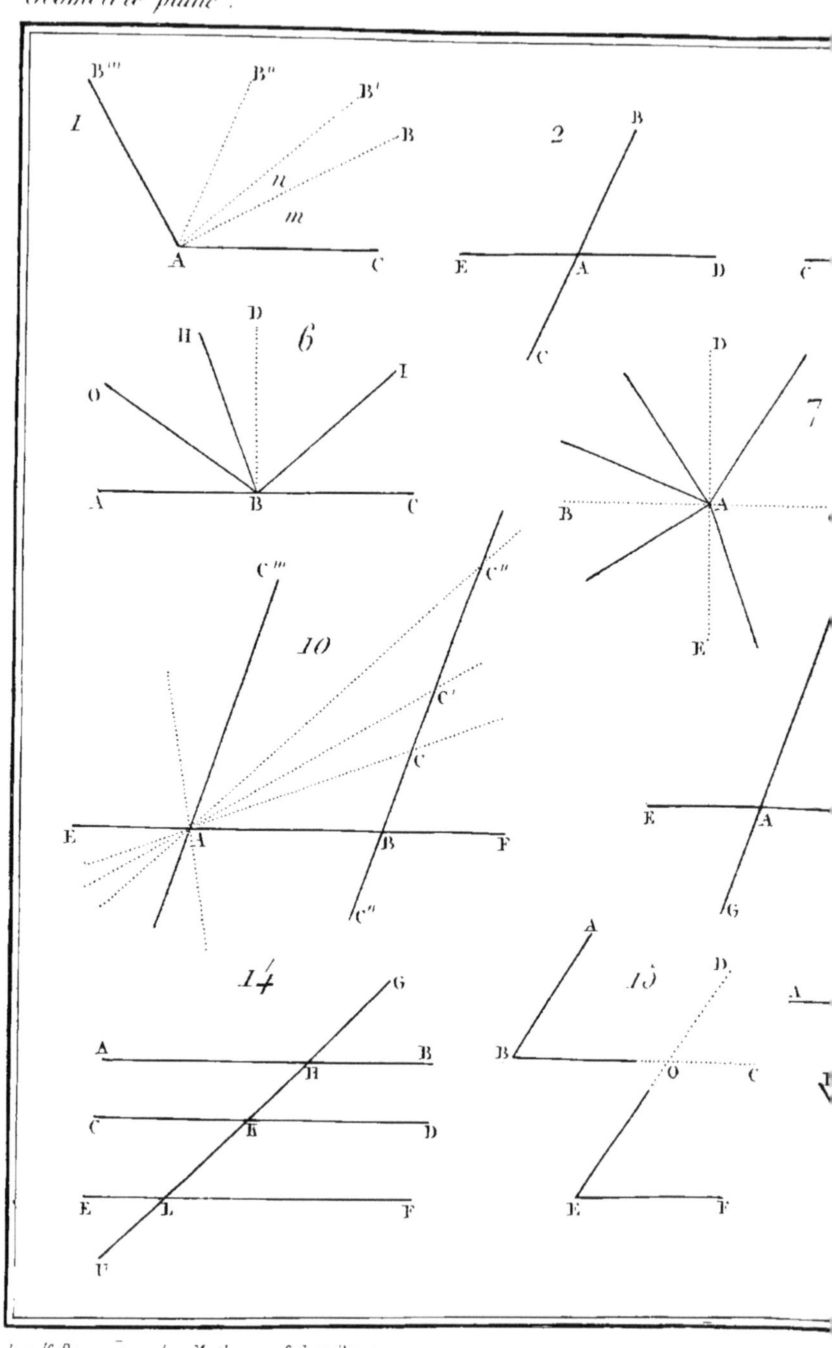

Imp.[le] Rouquier, r. des Mathurins S. J. 12. Paris

Pl. I.

A
E
D
B
M
V
4
P
F
Q
S
N
E
D
5
A
B
C
C
8
A
B
D
E
C
9
A
B
D
B
F
C
D
12
E
A
B
F
D
B
13
C
A
16
O
D
D
17
E
F
A
C
B
O
18
A
B
C
G
E
H
D
F

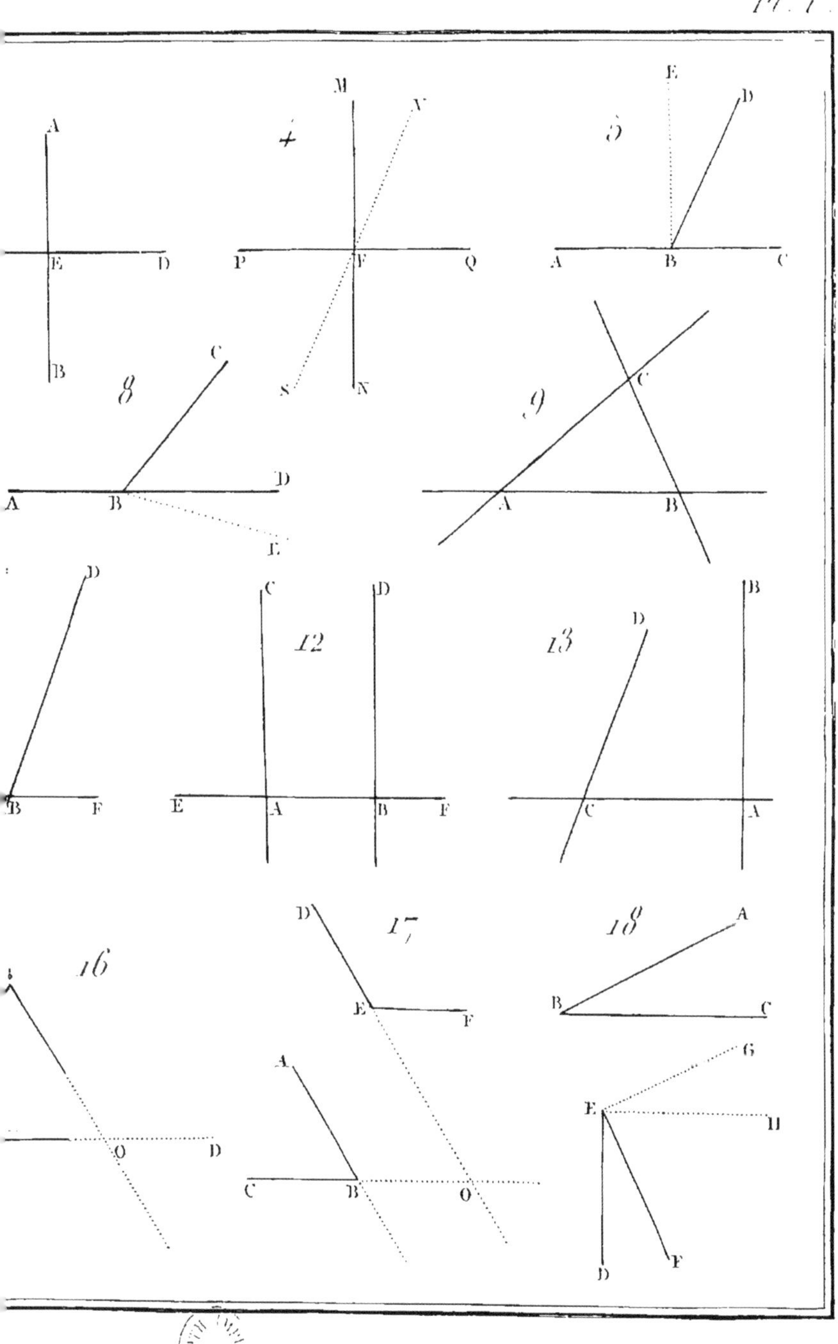

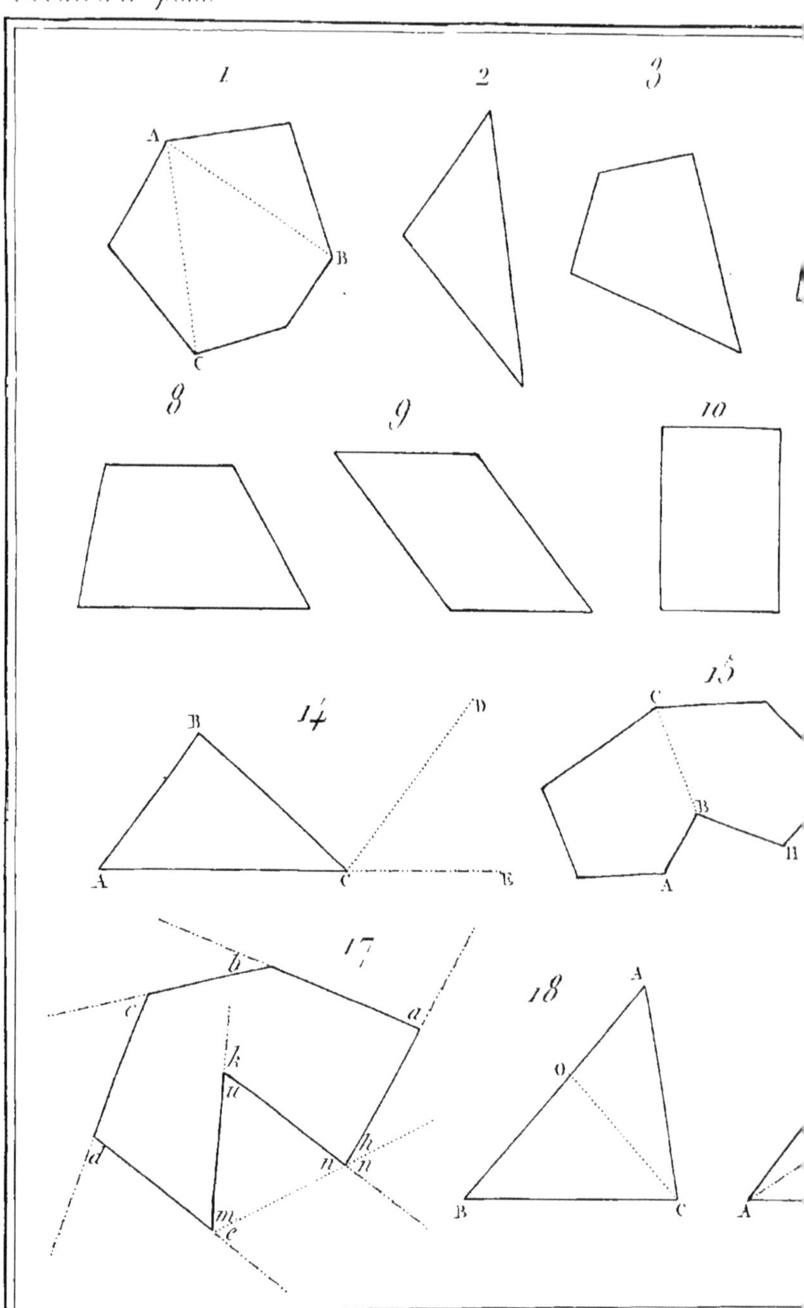
1
A
B
C
2
3
8
9
10
14
B
D
A
C
E
15
C
B
A
17
b
c
a
k
u
h
d
n
n
m
e
18
A
O
B
C
A

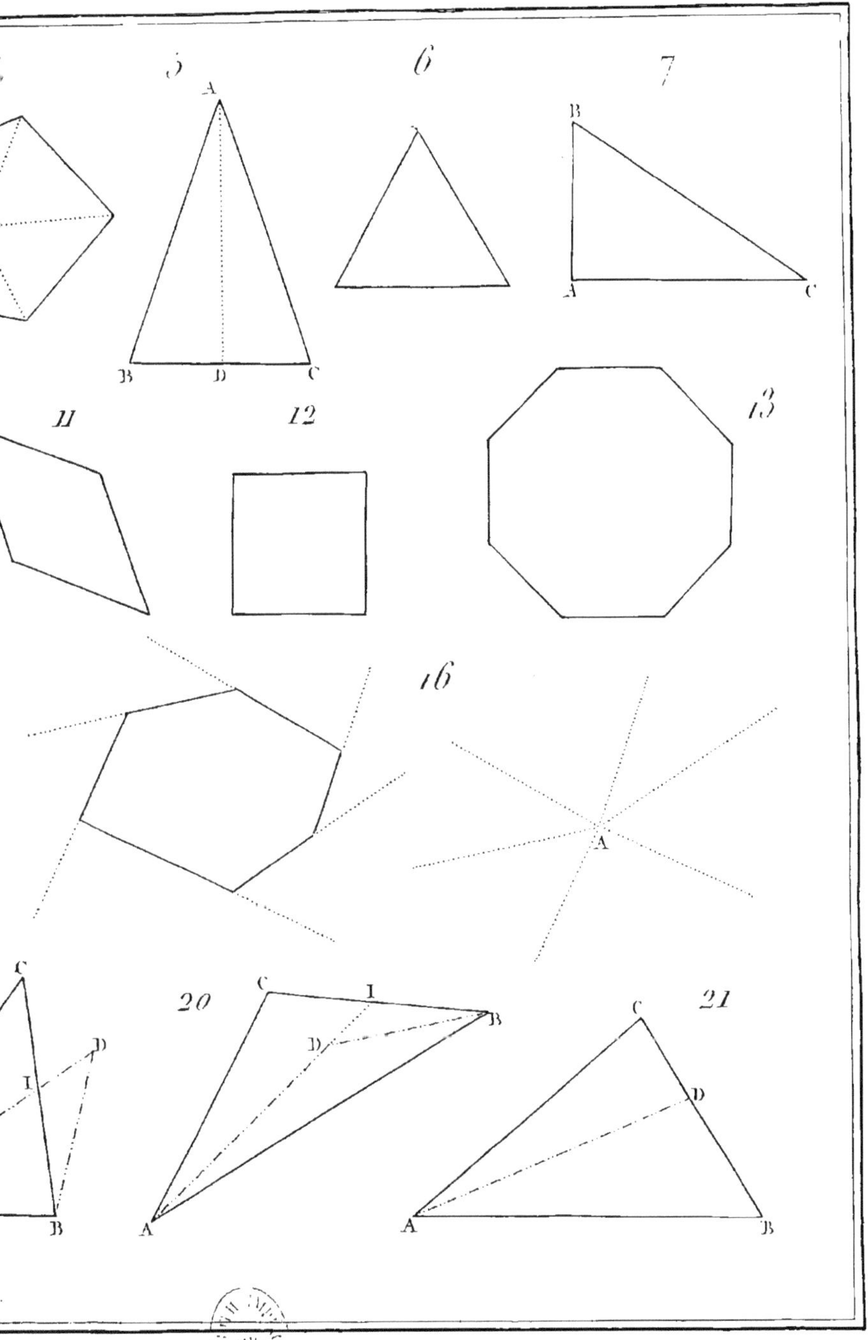
5
A
B
D
C
6
7
B
A
C
11
12
13
16
A
C
I
D
B
20
C
I
B
D
A
21
C
D
A
B

1

B C D A E

2

A H B C D

3

C H S B O A I D U

7

A D O B C

8

H A O B D

A U S K O

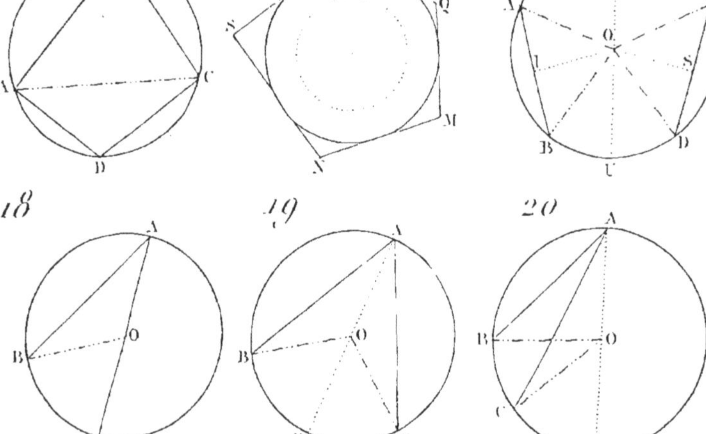

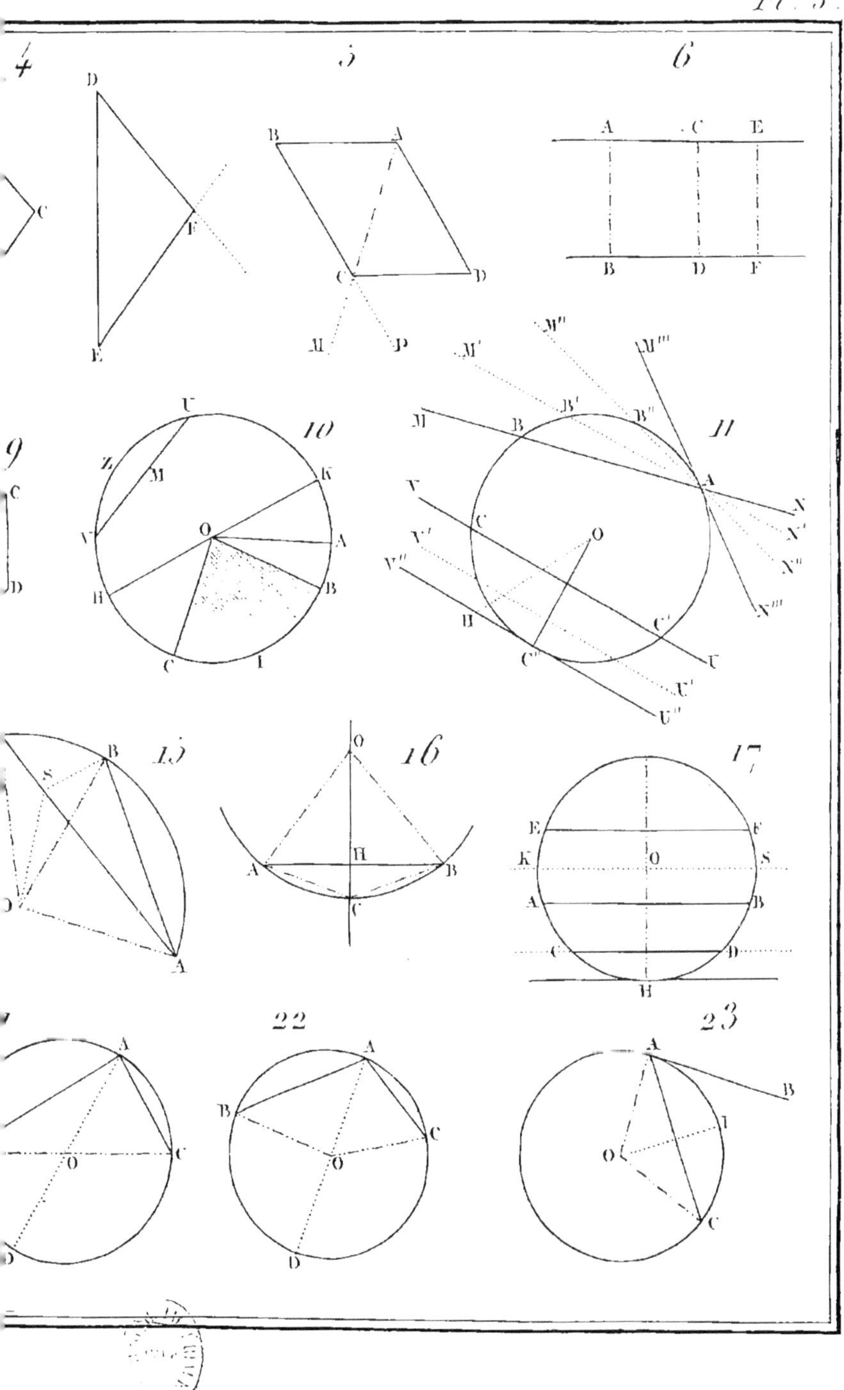
4
5
6
9
10
11
15
16
17
22
23

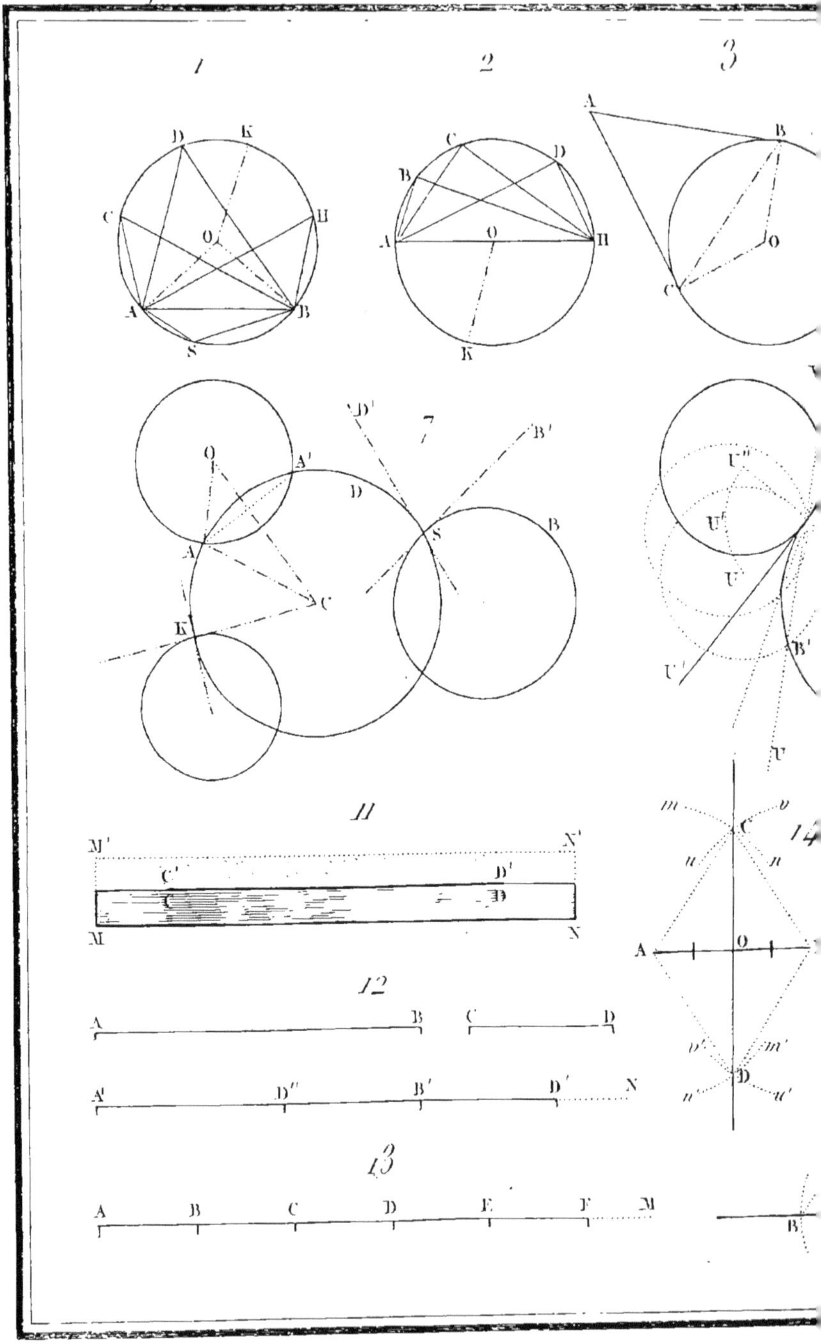

1

D K C H O A B S

2

C D B A O H K

3

A B O C

7

D' B' O A' D A S B C K

U'' U' U U' B' U

11

M' N' C' D' C D M N

12

A B C D

A' D'' B' D' N

14

m v C u n A O v' m' D u' u

13

A B C D E F M

B

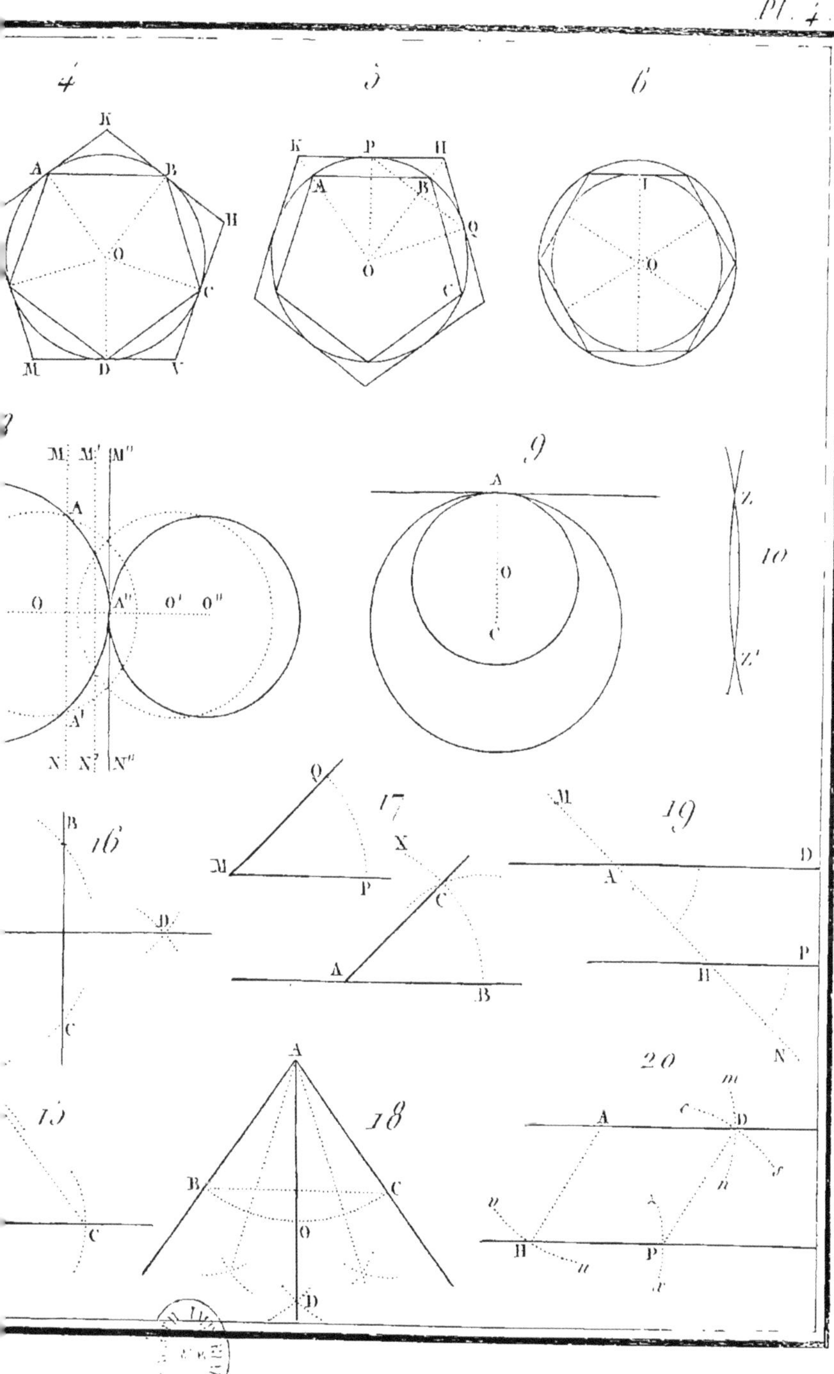
4
K
A
B
H
O
C
M
D
V
5
K
P
H
A
B
Q
O
C
6
I
O
M
M'
M''
A
O
A''
O'
O''
A'
N
N'
N''
9
A
O
C
10
Z
Z'
16
B
D
C
17
Q
M
P
X
C
A
B
19
M
D
A
P
H
N
20
m
A
D
n
H
P
15
C
18
A
B
C
O
D

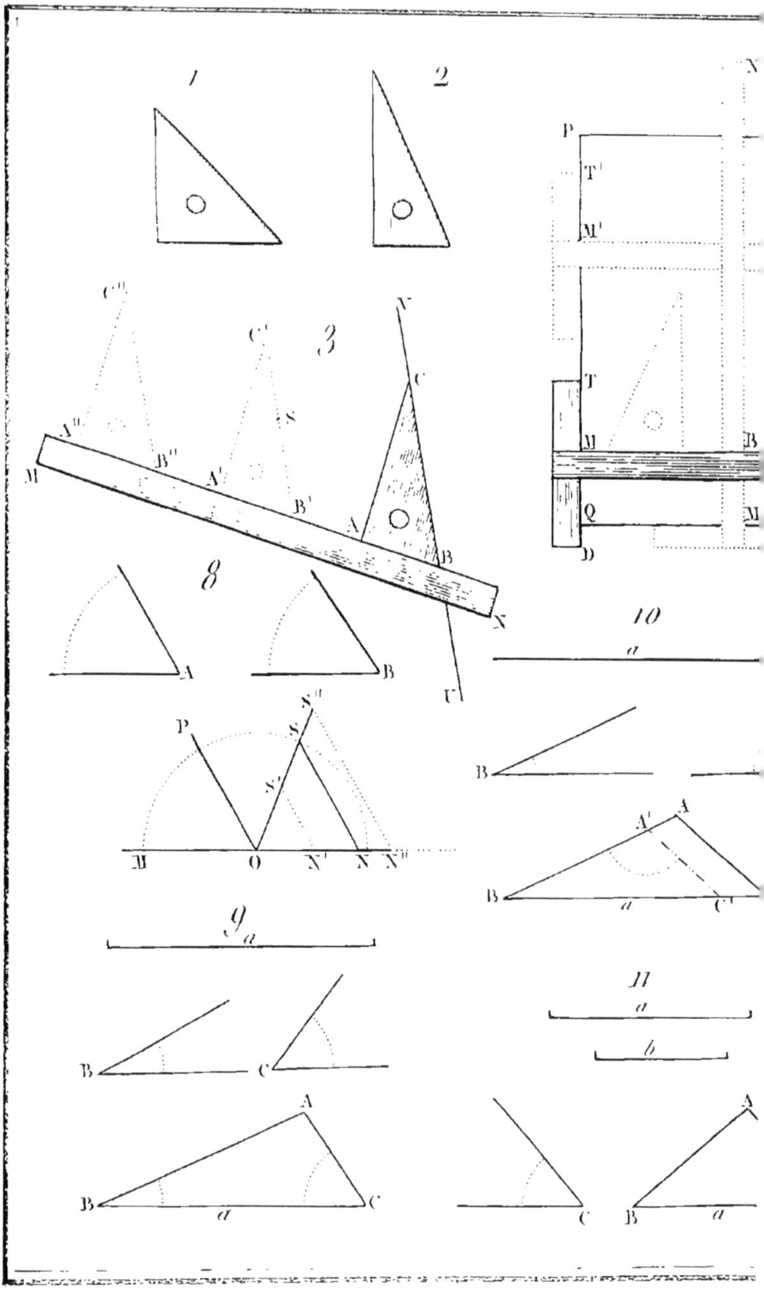

1

2

3

8

10

9

11

Pl. 5.

4
N''
N'
M''
N
M'''
S
5
C'
M
C
S
B
A'
B'
A
N
6
T
M
N
D
7
N'''
M'''
O
12
a
b
B'
B''
a
B
a
C
b
A
A
13
a
b
c
n'
n
A
m
m'
b
c
B
a
C
14
C
C'
b
B
A
A'
15
C'
C
O
a
A
B
16
C
D
A
B

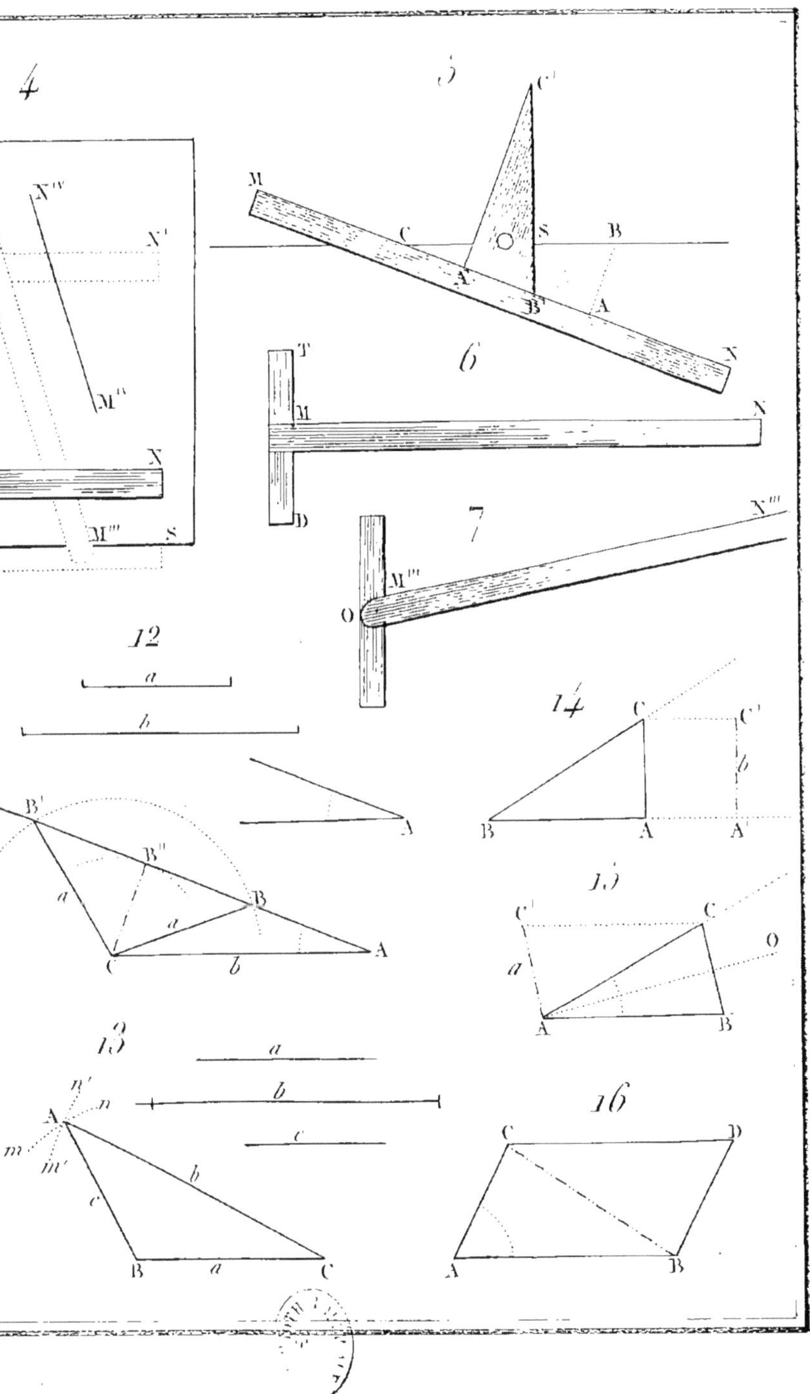

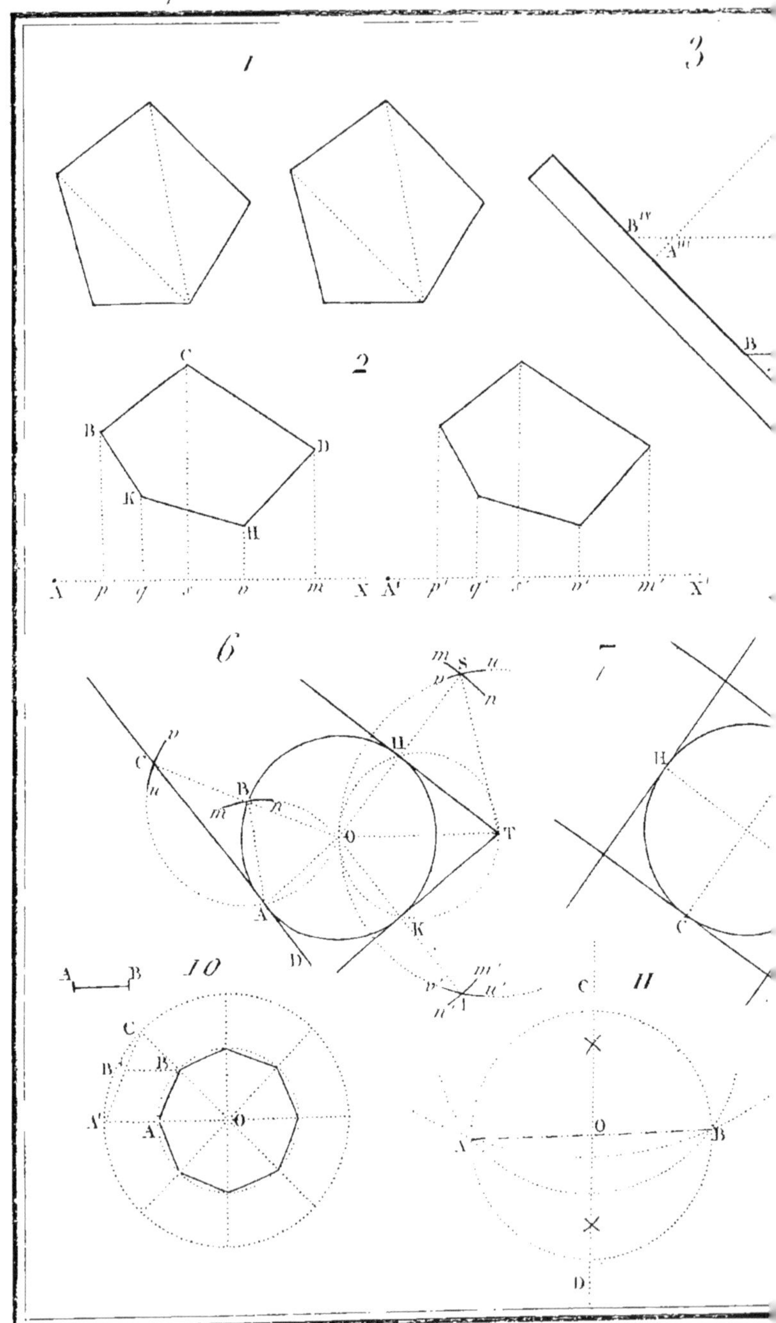
1
2
3
6
7
10
11
B
C
D
K
H
A
p
q
s
n
m
X
A'
p'
q'
s'
n'
m'
X'
O
T
S
A
B
C
D
O

Pl. 6.

4
C
C'
D
H'
B
B'
H
D'
K
K'
5
Y
D
D'
C
C'
H
H'
K
K'
B
B'
A
B''
B'
3
C''
C
A
C''
C'
8
C
A
O
B
H
D
9
B
C
I
A
O
E
12
A
M
O
B
C
N
13
14

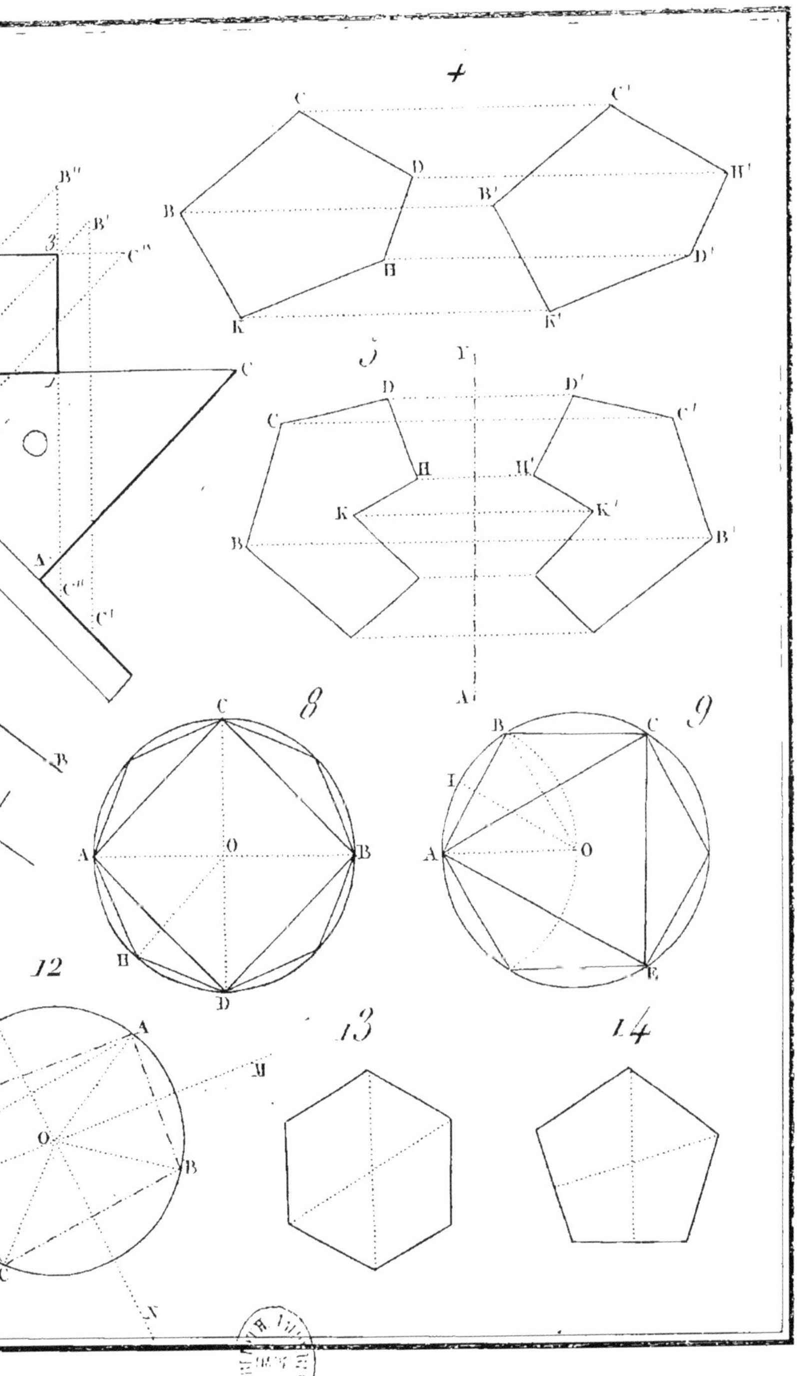

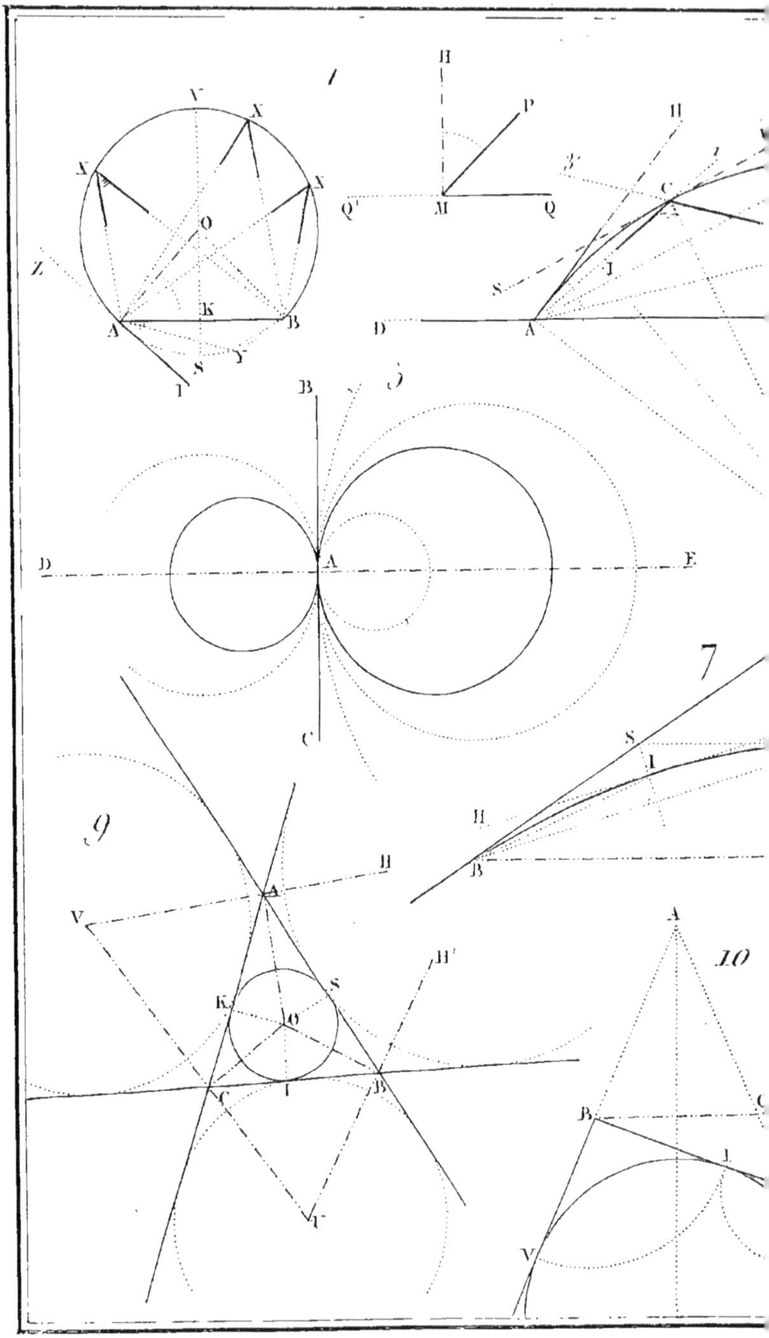

1
H
P
Q'
M
Q
H
C
S
I
D
A
V
X
X
X
O
Z
K
A
B
S
Y
I
B
5
D
A
E
C
7
S
I
H
B
9
H
A
V
H'
S
K
O
C
I
B
V'
A
10
B
C
I
V

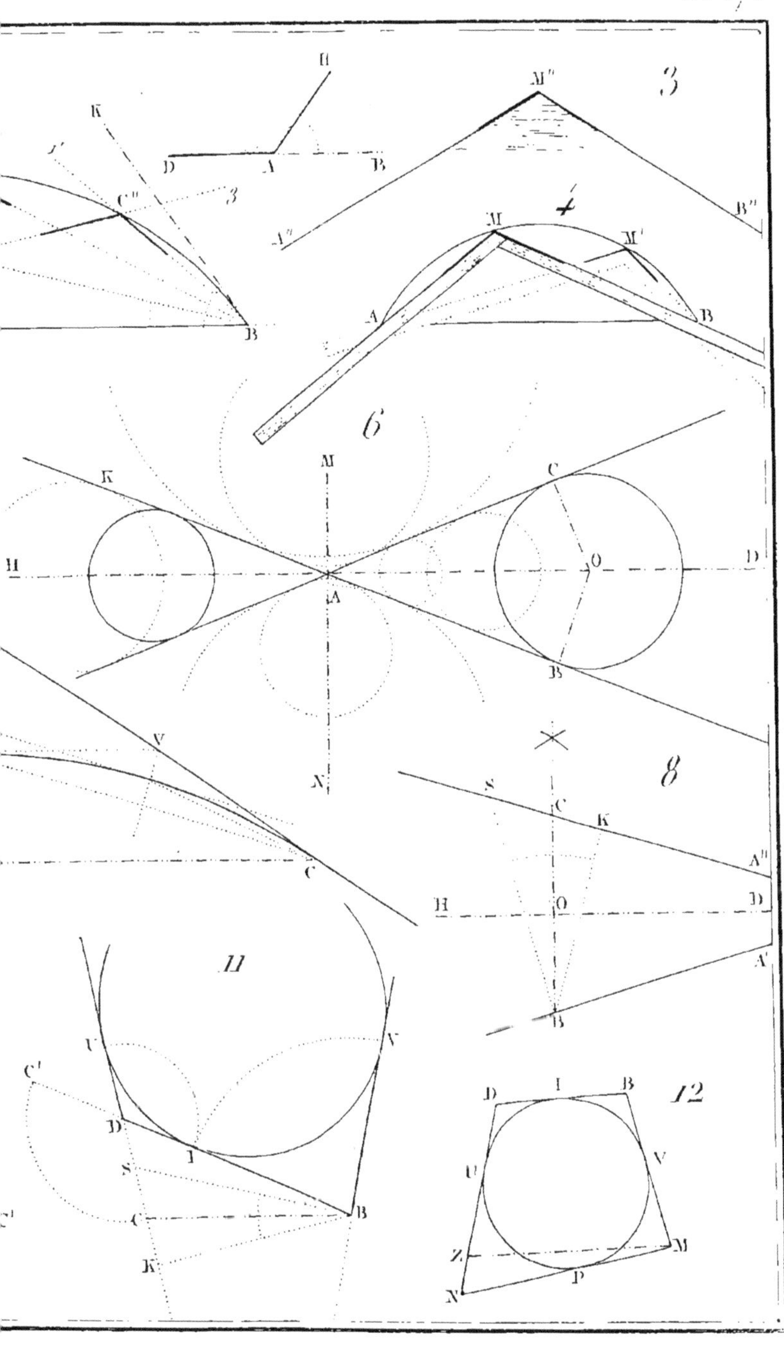
3
4
6
8
11
12

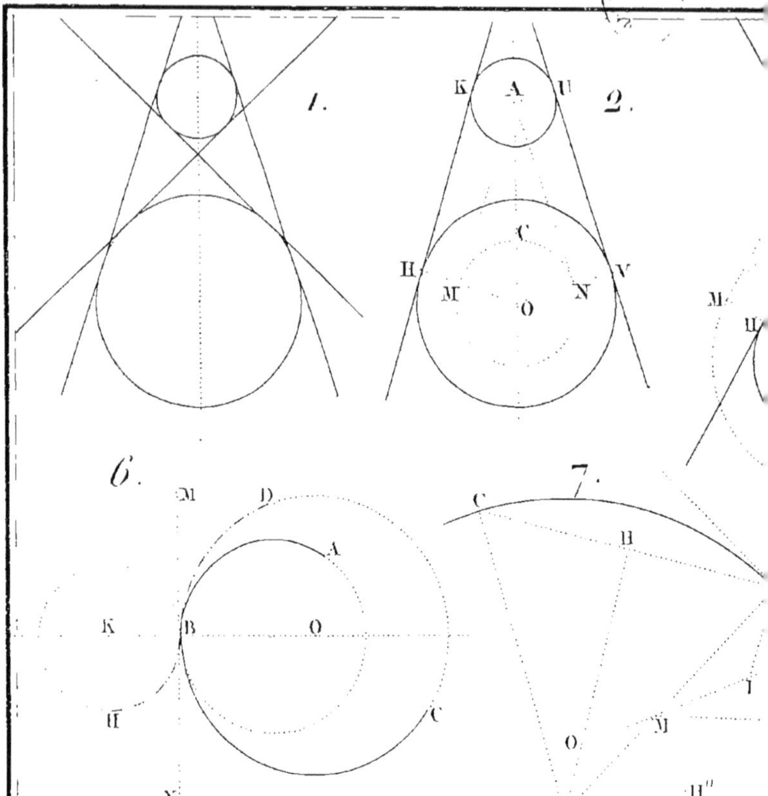

1\.

K A U 2.

C

H V

M N

O

M

H

6\.

M D

A

K B O

H

C

N

7\.

C

H

I

M

O

N

H''

10\.

M C

A

D

H

S

B O H'

S'

I

11\.

C

A

I

D'

B O

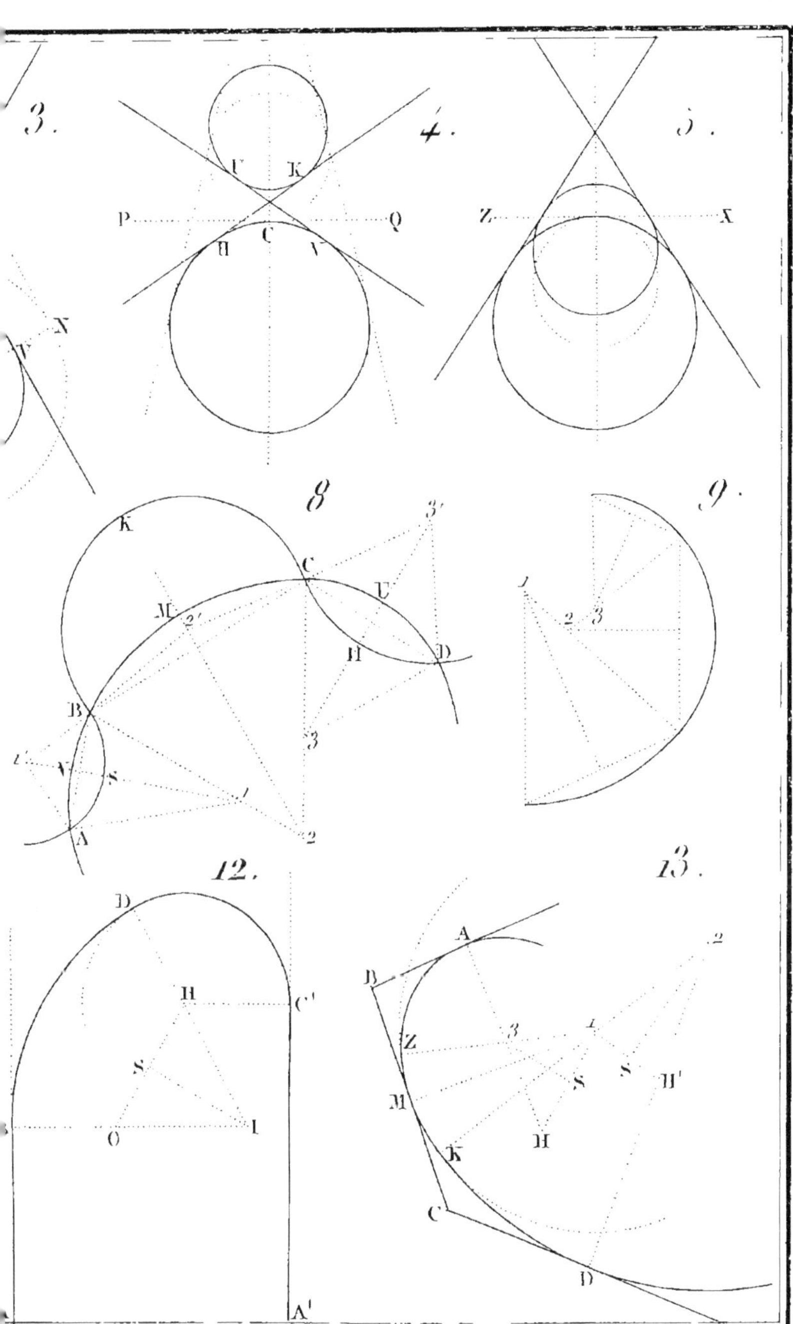
3.
4.
5.
8
9.
12.
13.
P
Q
C
B
V
Z
X
K
C
U
M
H
D
B
S
A
1
2
3
D
H
C'
S
O
I
A'
A
B
Z
M
K
C
D
S
H'

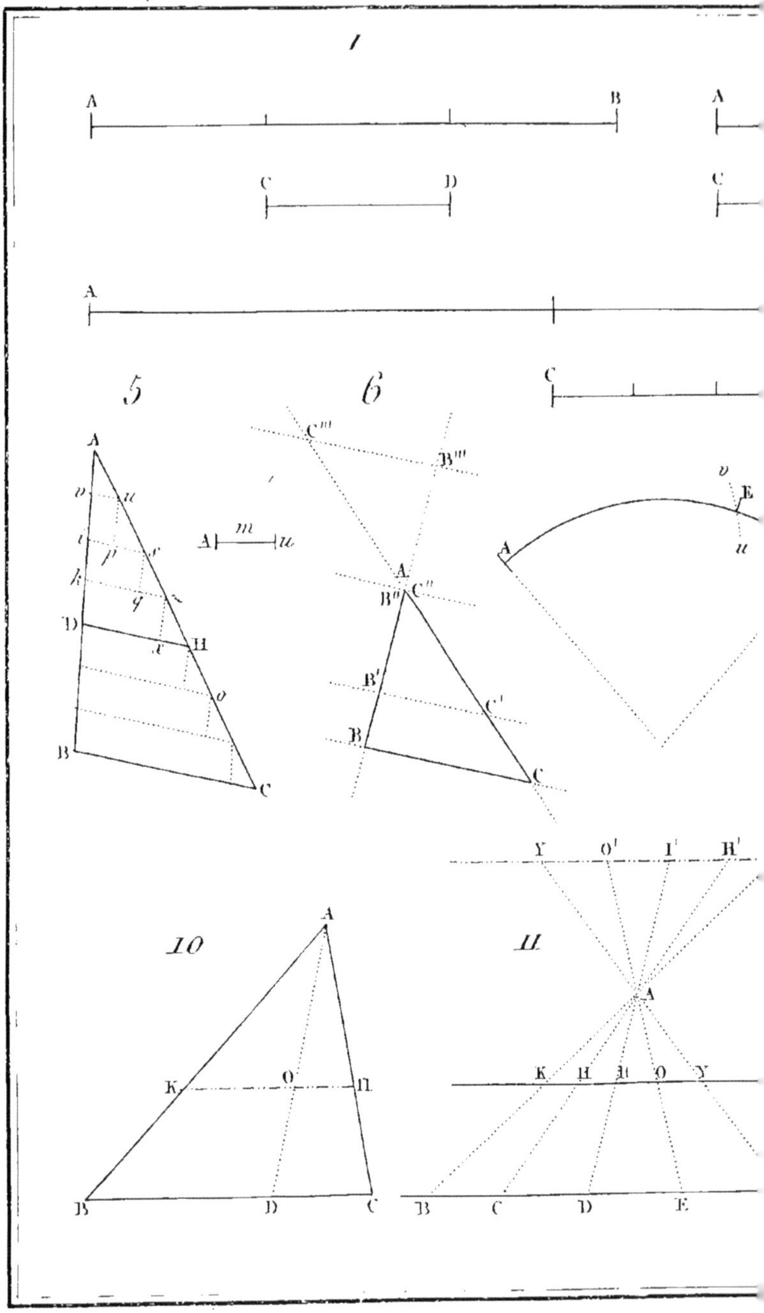

1
A
B
A
C
D
C
A
5
6
C
A
v
u
m
A
u
i
p
s
k
q
z
D
x
H
o
B
C
C'''
B'''
A
B''
C''
B'
C'
B
C
v
E
u
A
Y
O'
I'
H'
10
11
A
A
K
O
H
K
H
H
O
Y
B
D
C
B
C
D
E

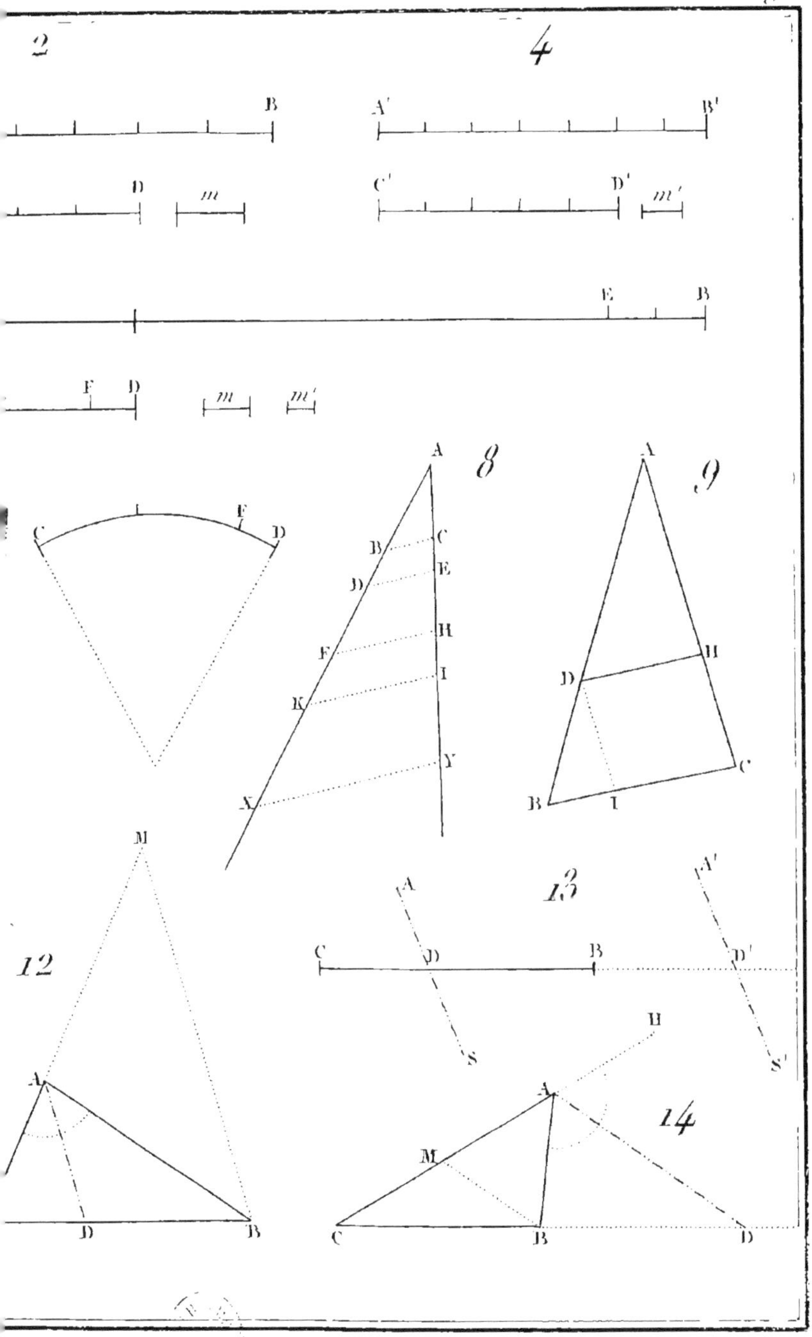

2

B

D m

4

A' B'

C' D' m'

E B

F D m m'

C F D

8

A B C D E F H K I X Y

9

A D H B I C

M

12

A D B

13

A C D B A' D' S S'

14

H A M C B D

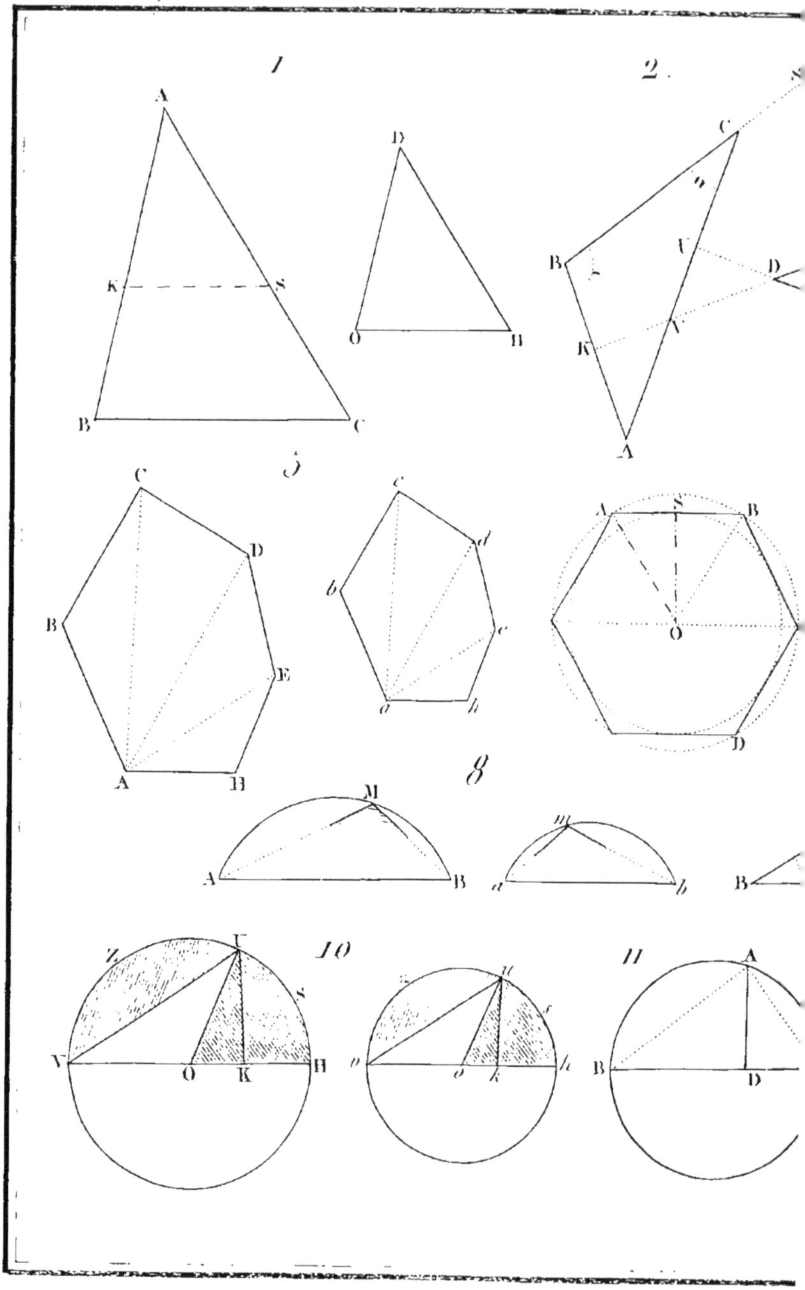

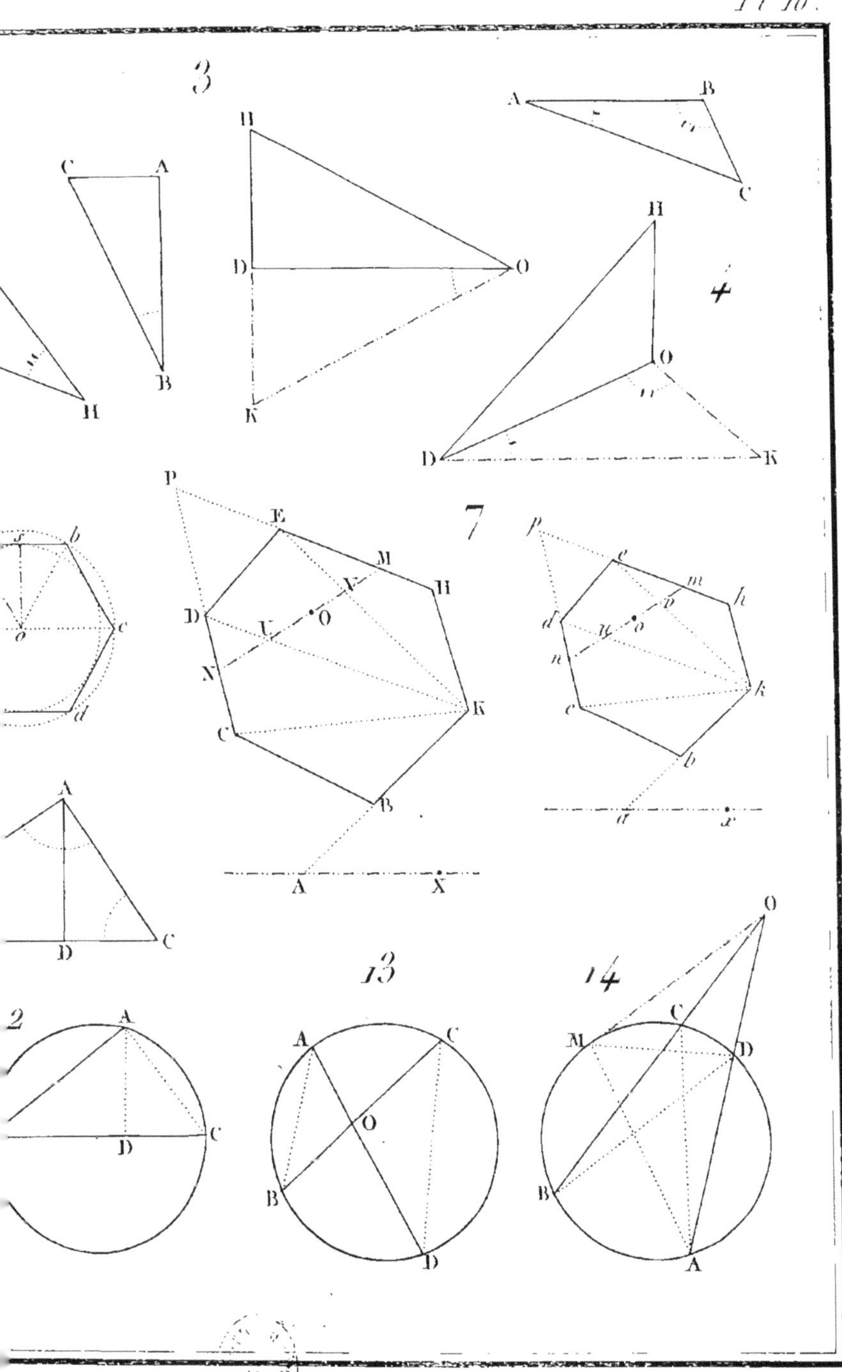
3
4
7
2
13
14

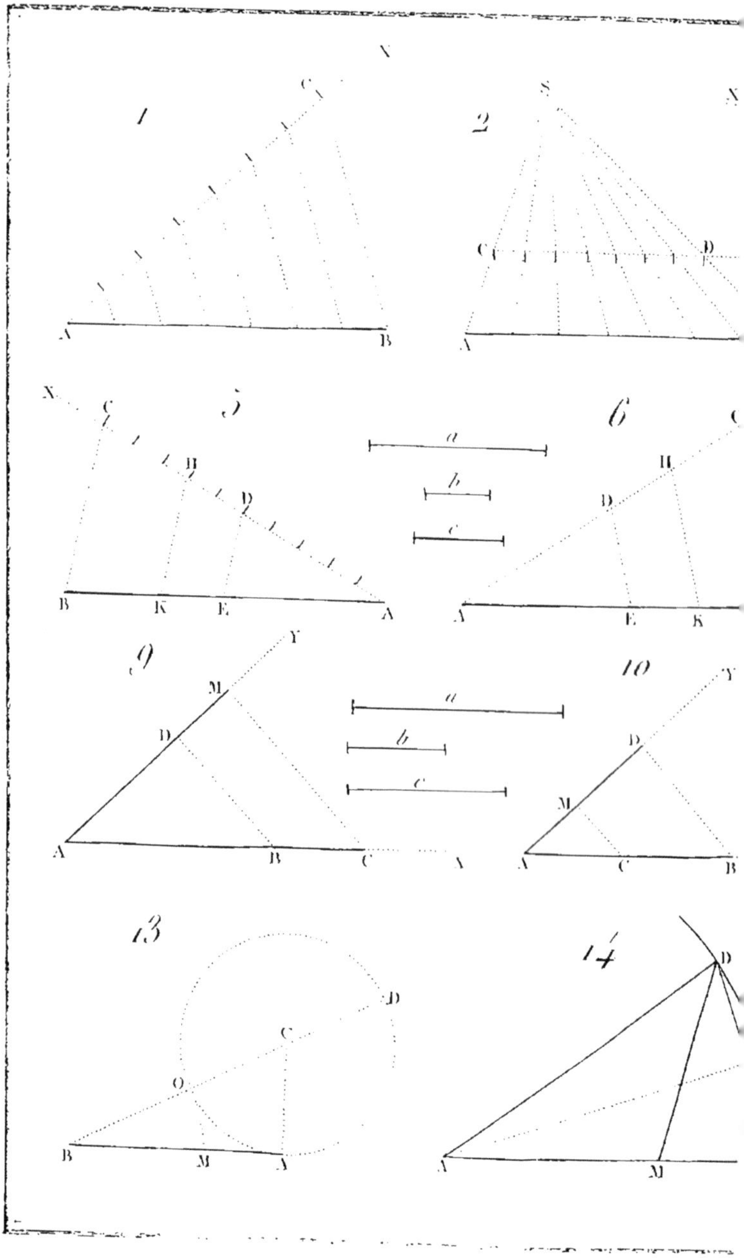

1

X C A B

2

S X C D A

5

X C B D B K E A

a b c

6

C H D A E K

9

Y M D A B C A

a b c

10

Y D M A C B

13

D C O B M A

14

D A M

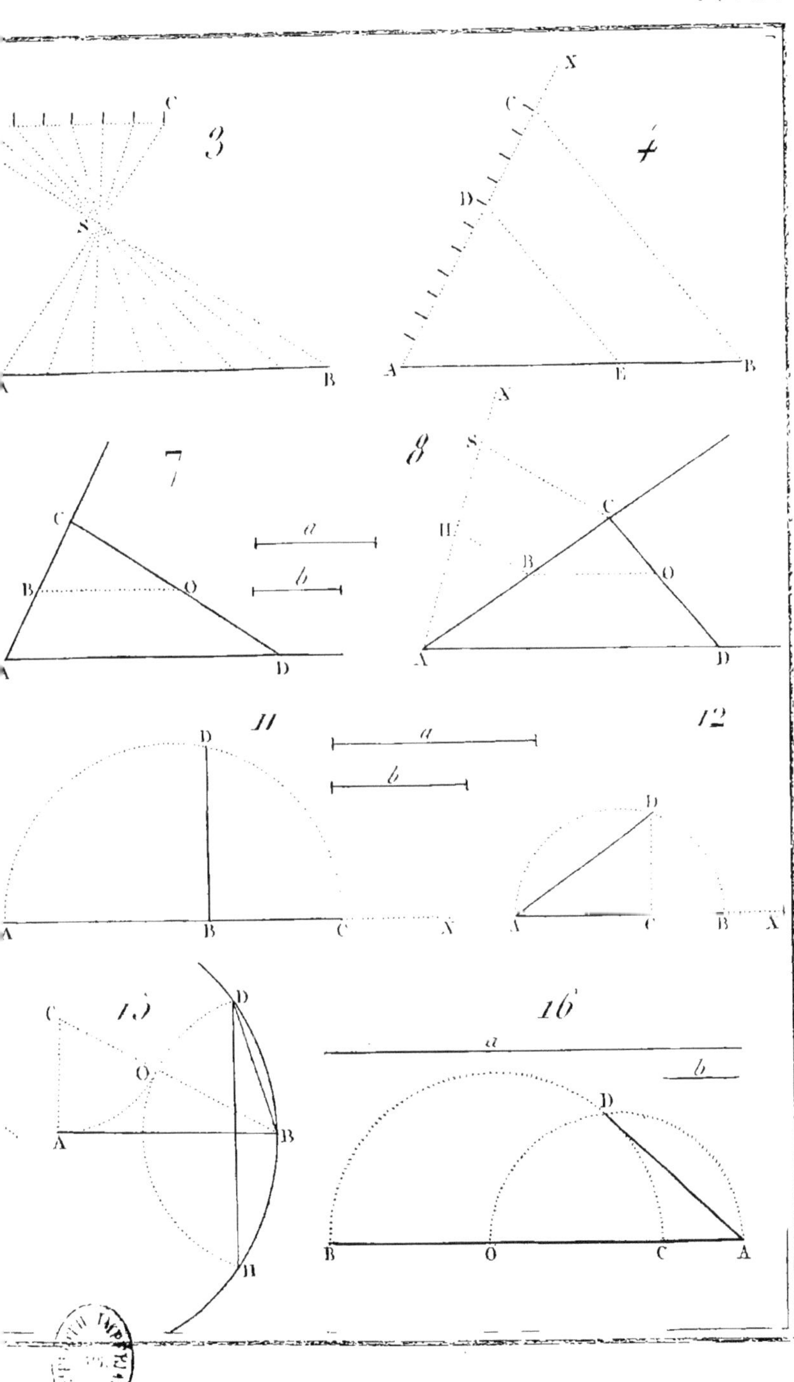
C
3
S
B
X
C
4
D
A
E
B
X
7
C
B
O
D
a
b
8
S
H
C
B
O
A
D
11
D
a
b
A
B
C
X
12
D
A
C
B
X
C
15
D
O
A
B
H
16
a
b
D
B
O
C
A

Fig. 1.

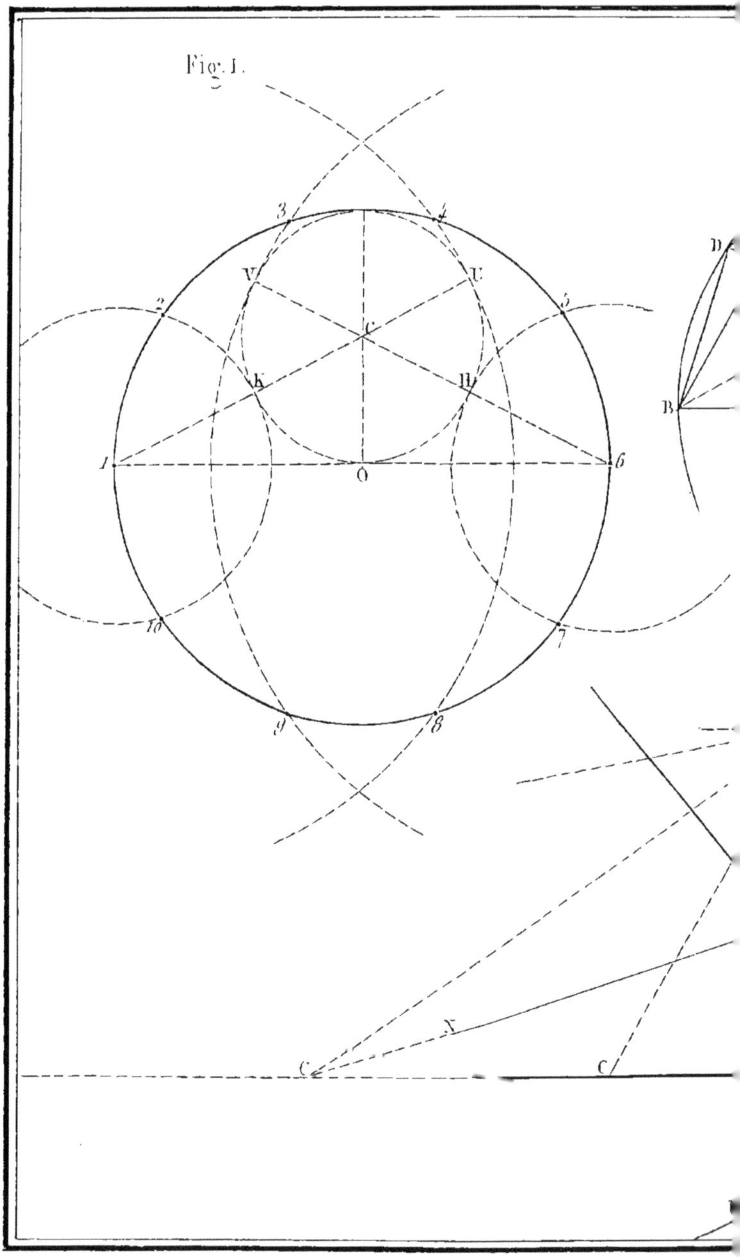

3 4 V U 2 5 C K H B D 1 O 6 10 7 9 8 X C C

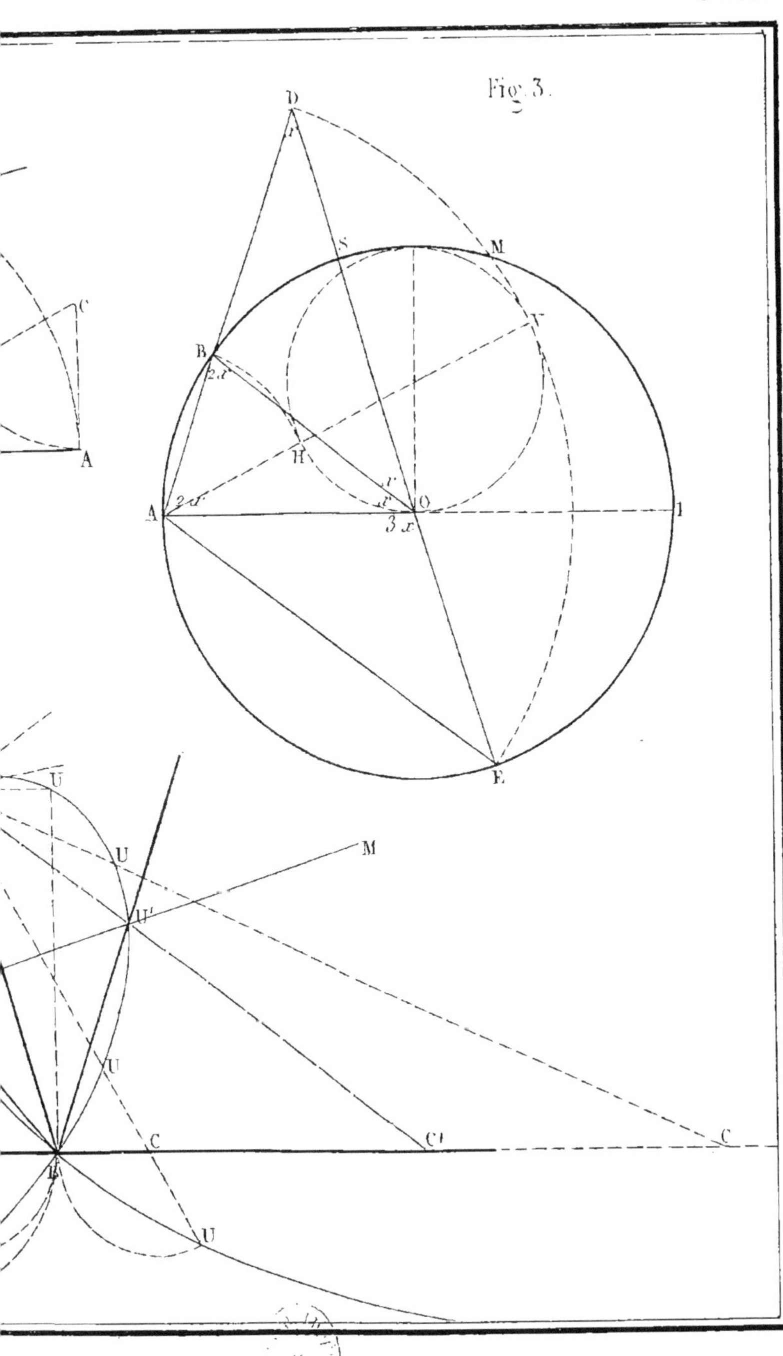
Fig. 3.
D
S
M
V
B
H
A
O
I
3 x
E
C
U
U'
M
C
C'
C
U

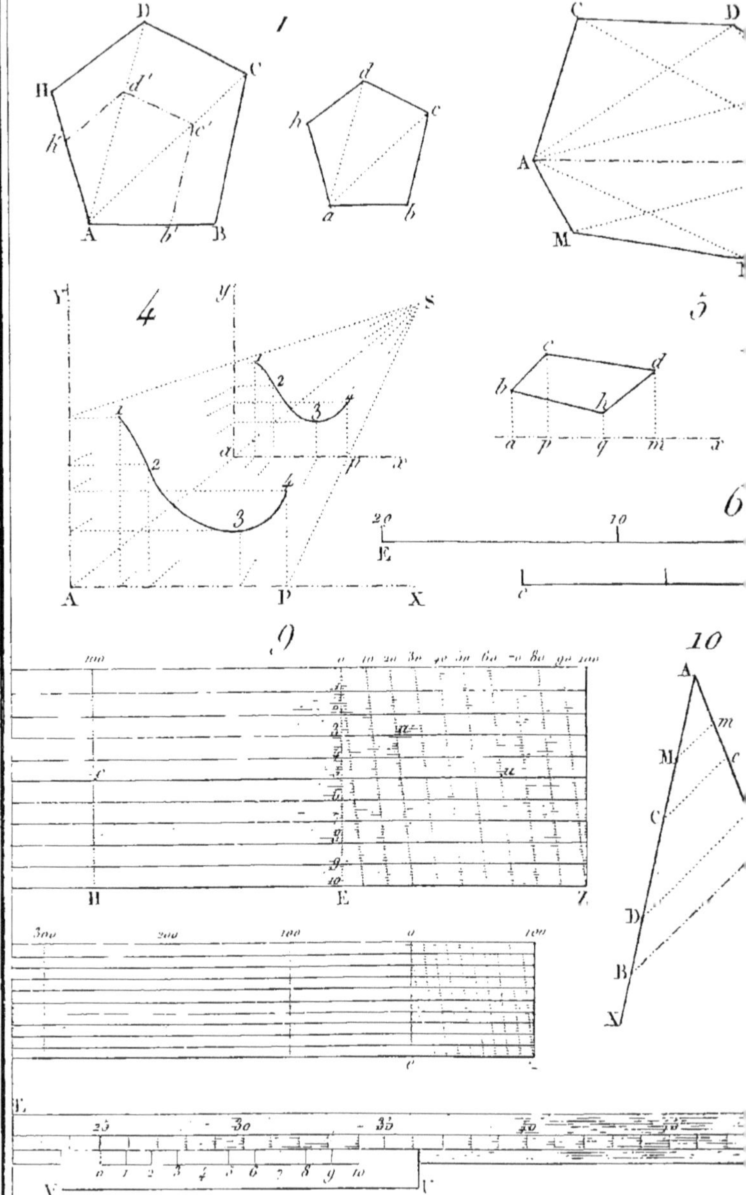

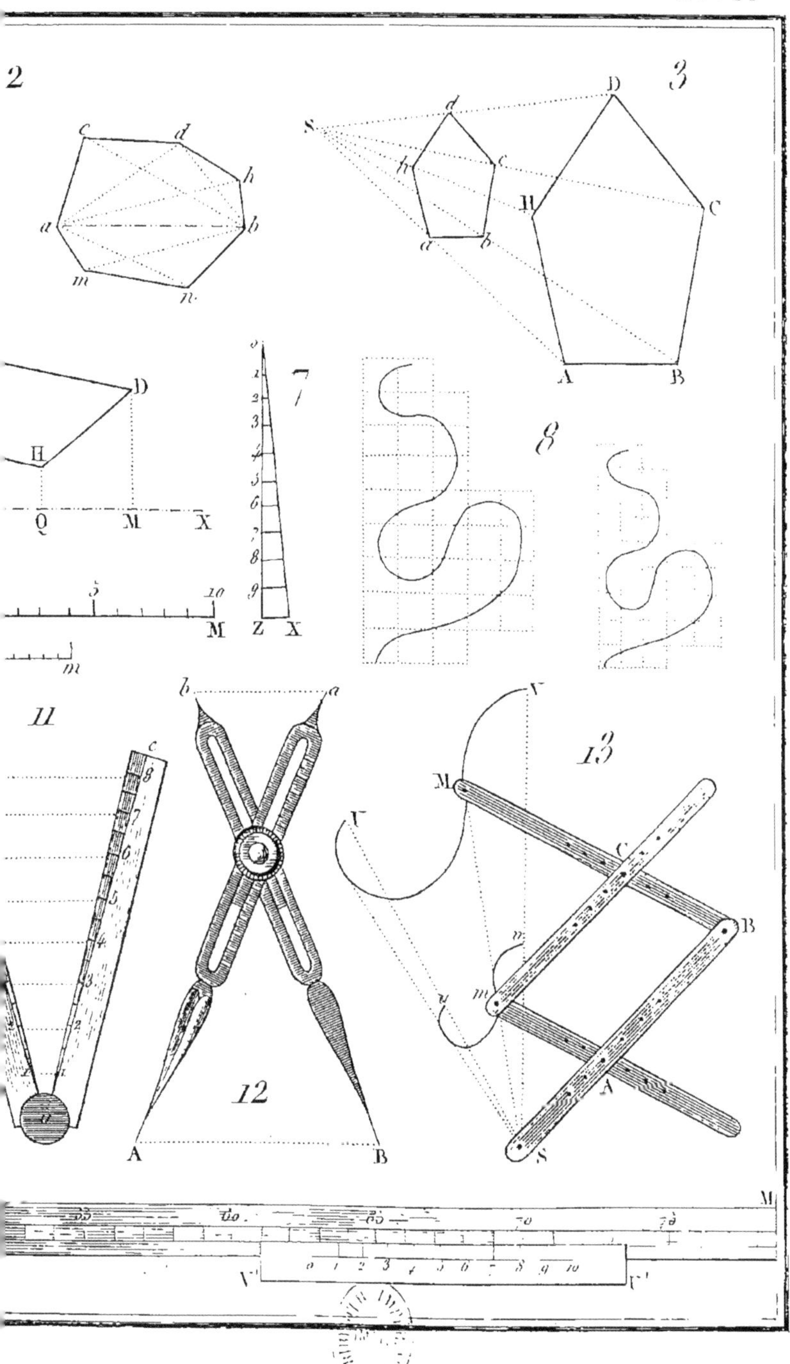
2
3
7
8
11
12
13

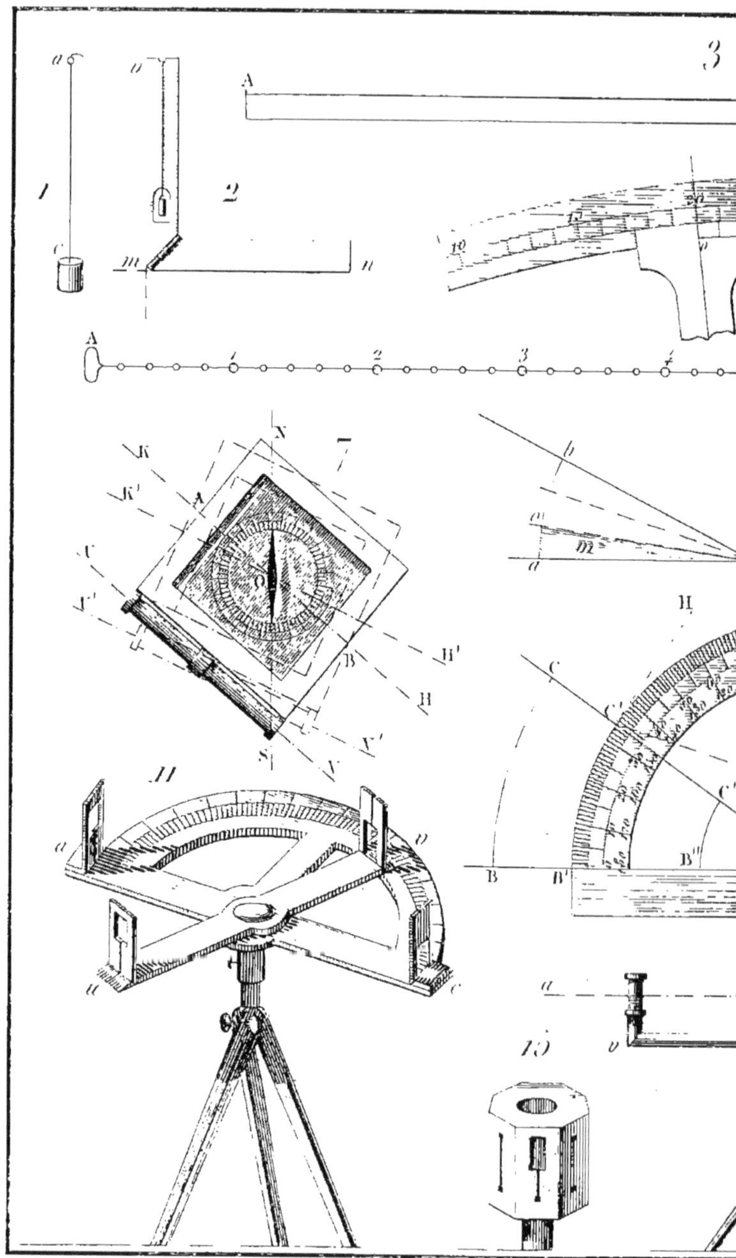
3
1
2
7
11
a
c
m
n
A
1
2
3
4
N
S
K
K'
O
B
H
H'
C
C'
B'
B''

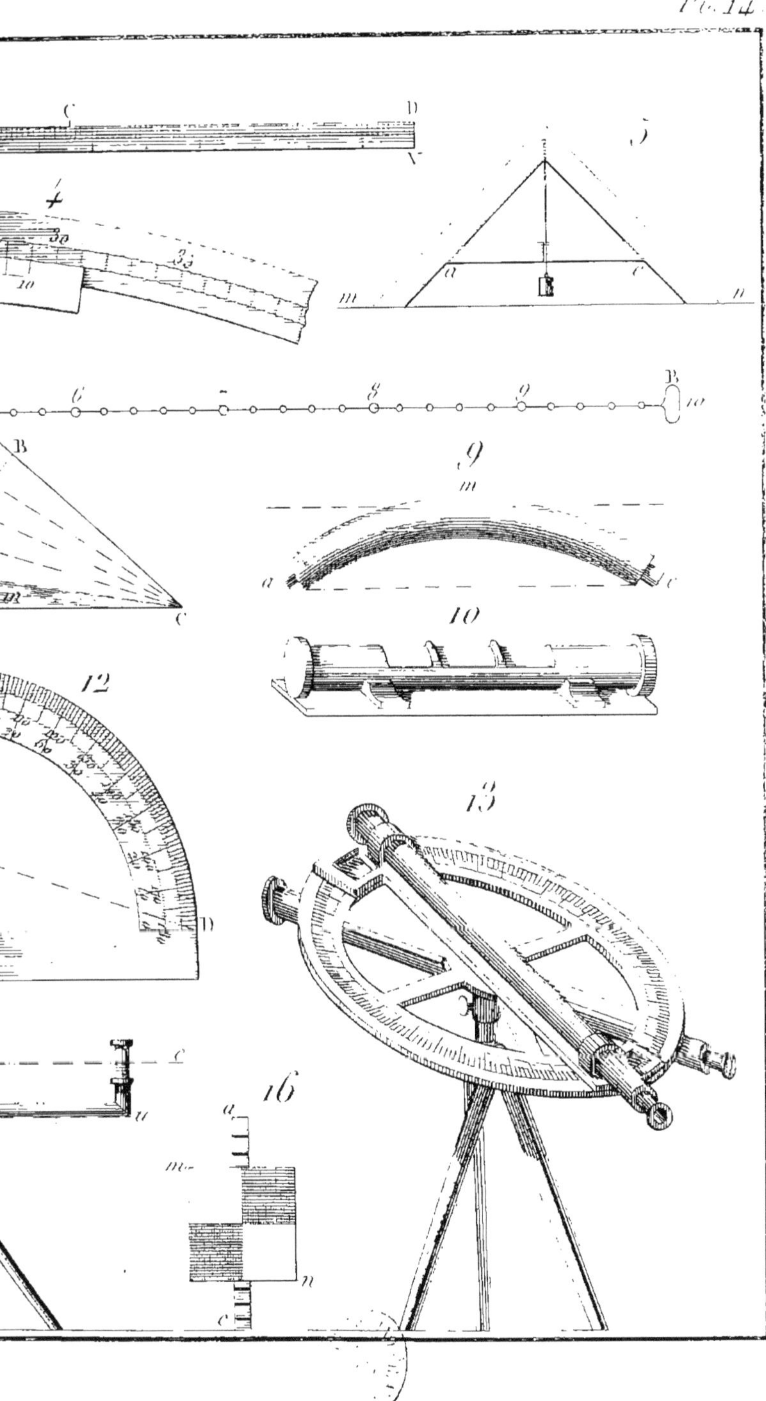

C
D
5
4
m
a
c
n
6
7
8
9
B
10
B
9
m
a
c
10
12
13
D
16
a
m
n
c

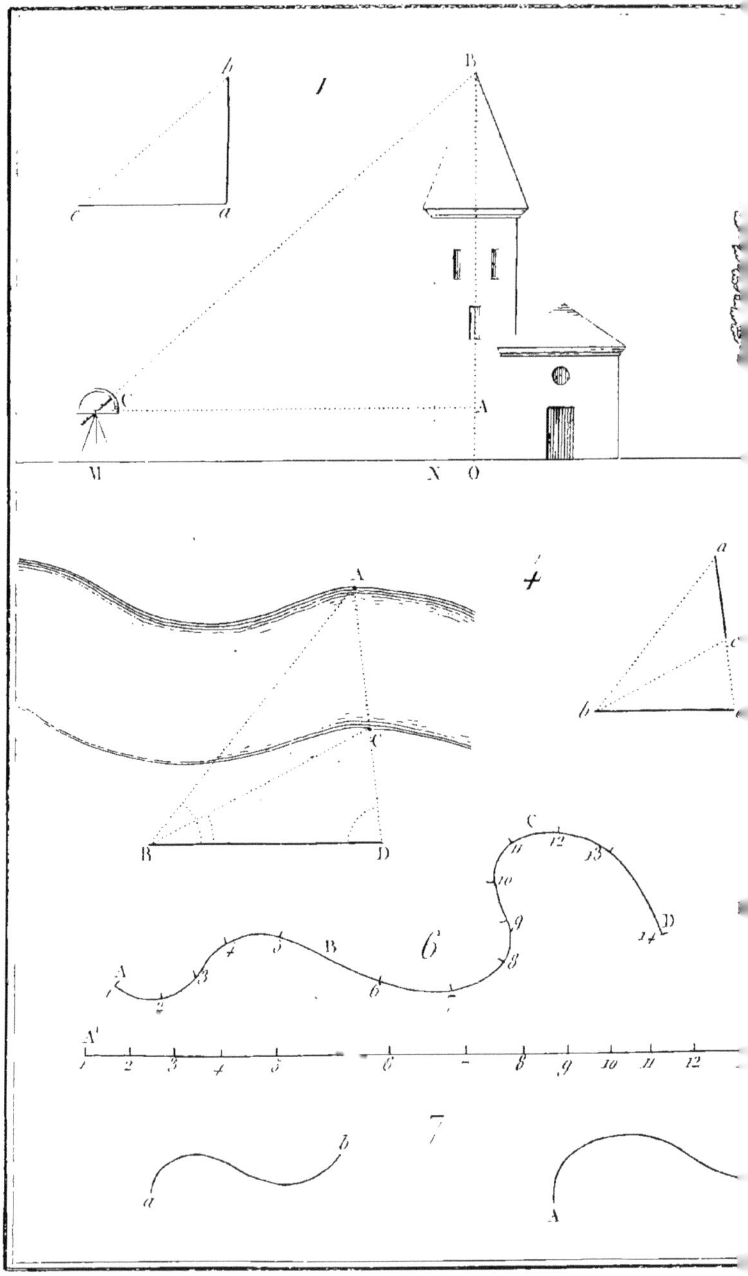
1
b
c
a
B
C
A
M
N
O
4
a
c
b
A
C
B
D
C
11
12
13
10
9
14
D
8
6
7
6
B
5
4
3
A
1
2
A'
1
2
3
4
5
6
7
8
9
10
11
12
7
b
a
A

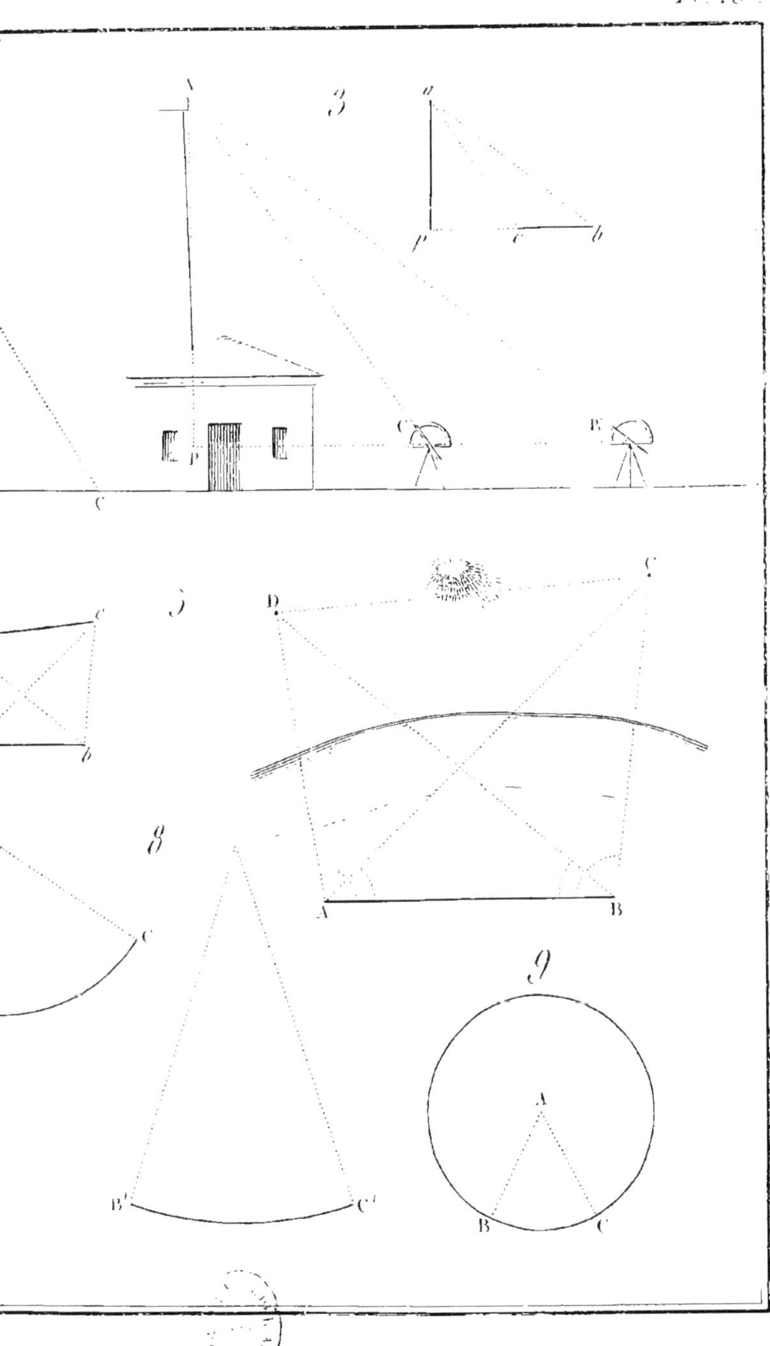
3
a
p
c
b
C
P
C
B
5
D
C
c
b
8
C
B'
C'
A
B
9
A
B
C

Géométrie plane

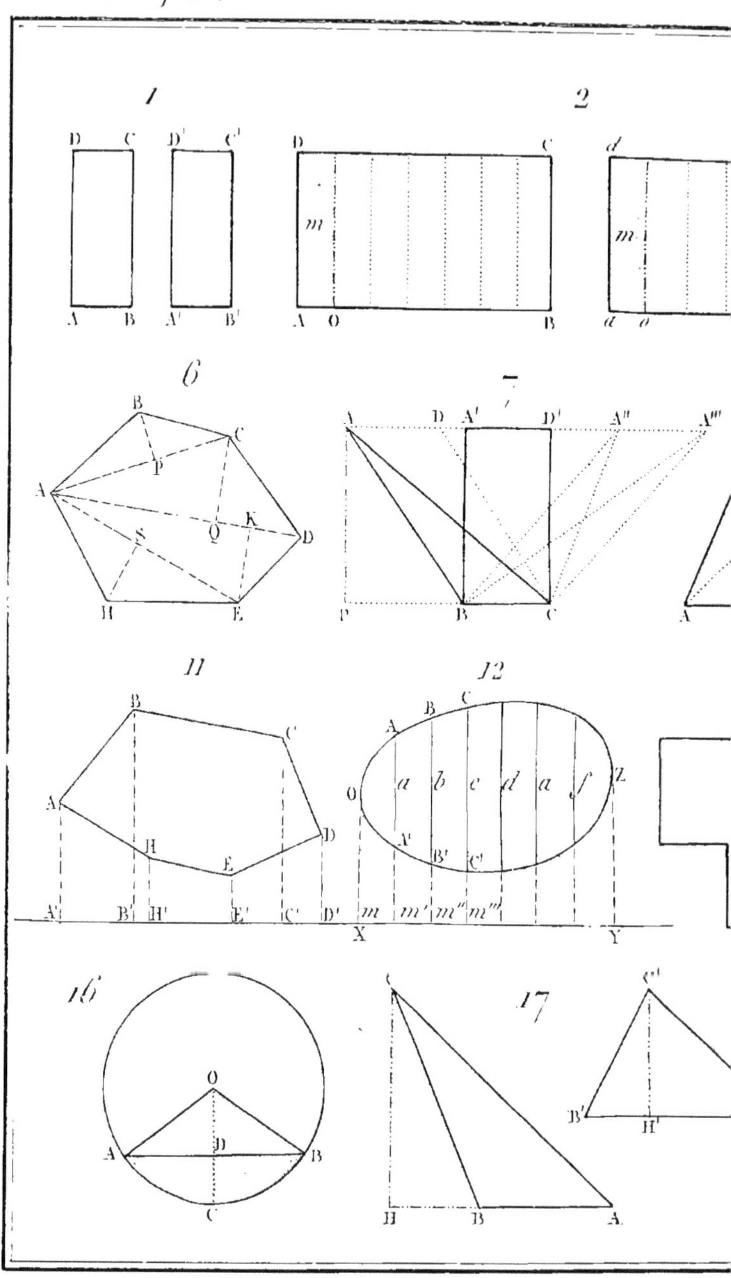

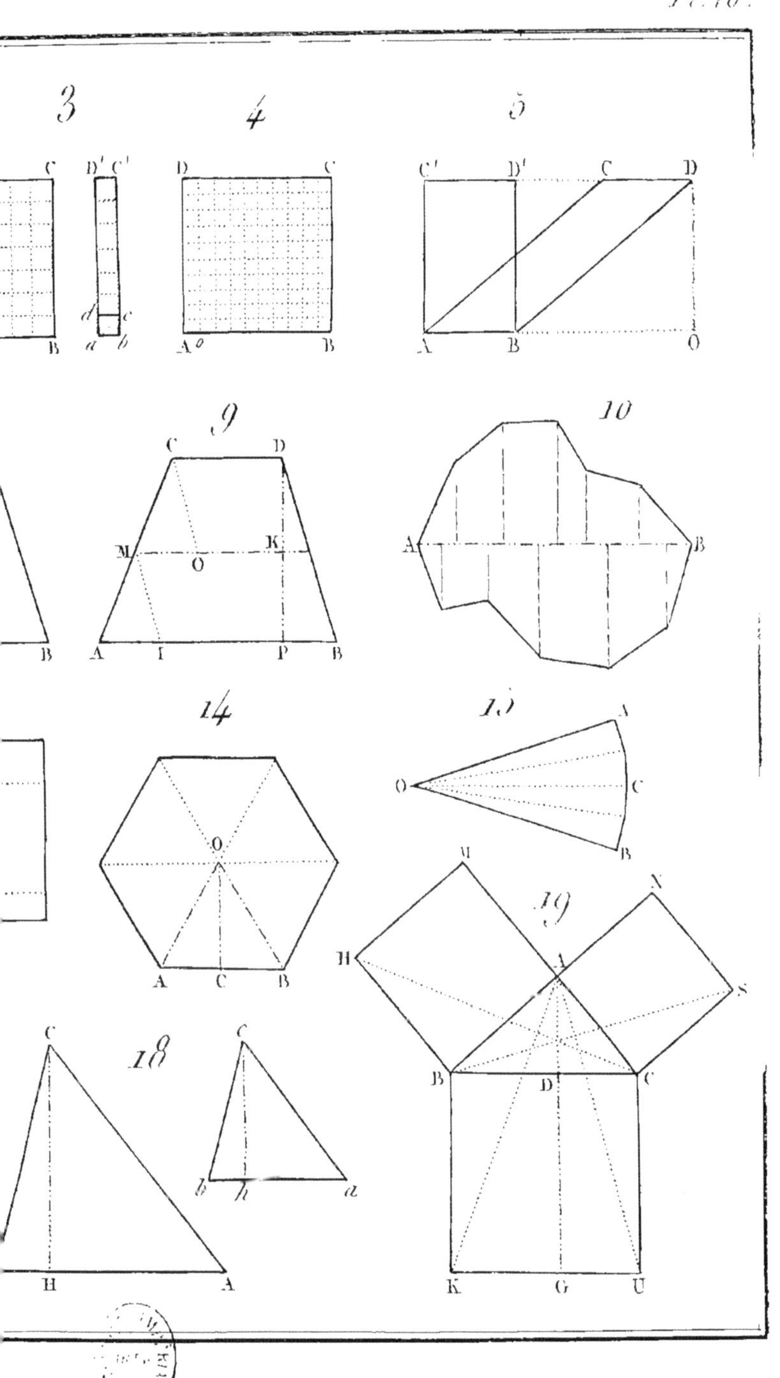
3
4
5
9
10
14
18
19

Géométrie plane

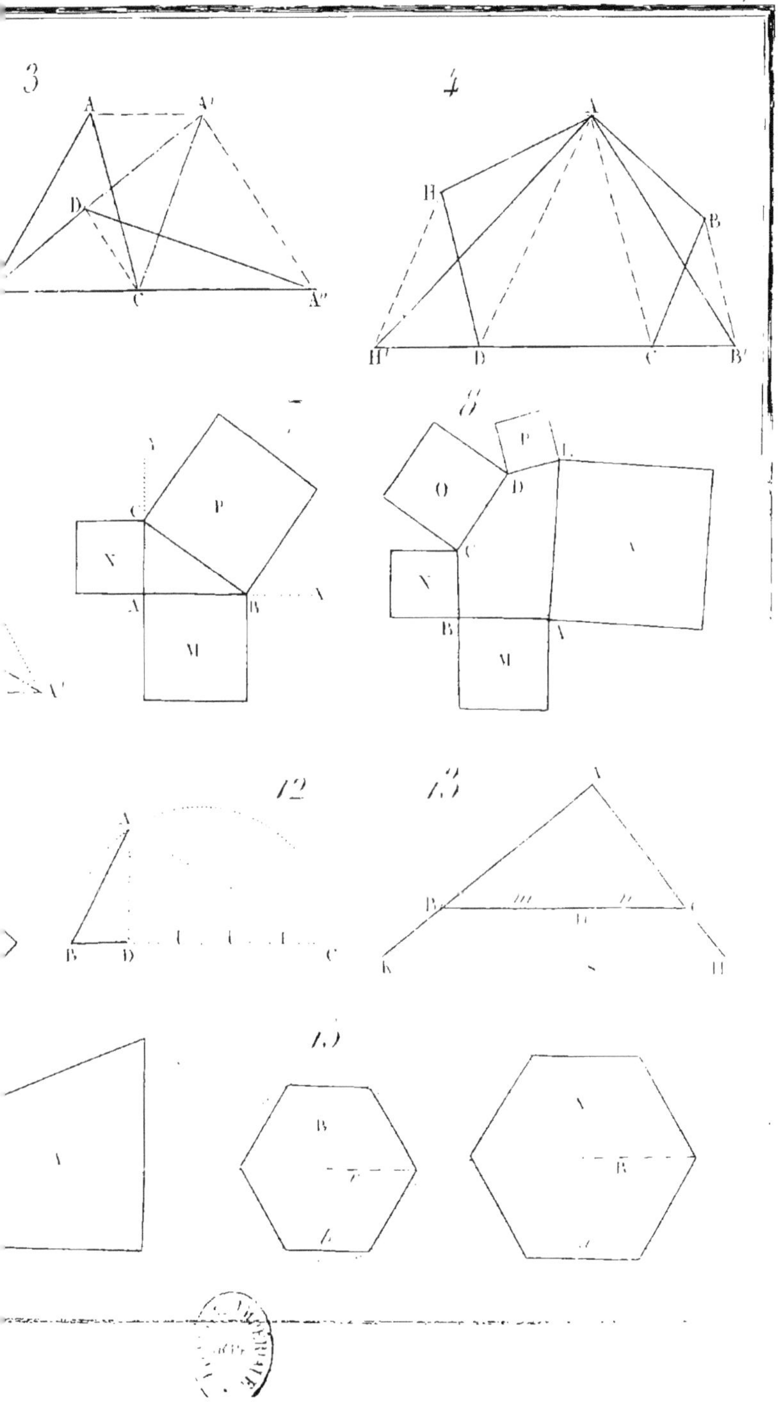

3

4

7

8

12

13

15

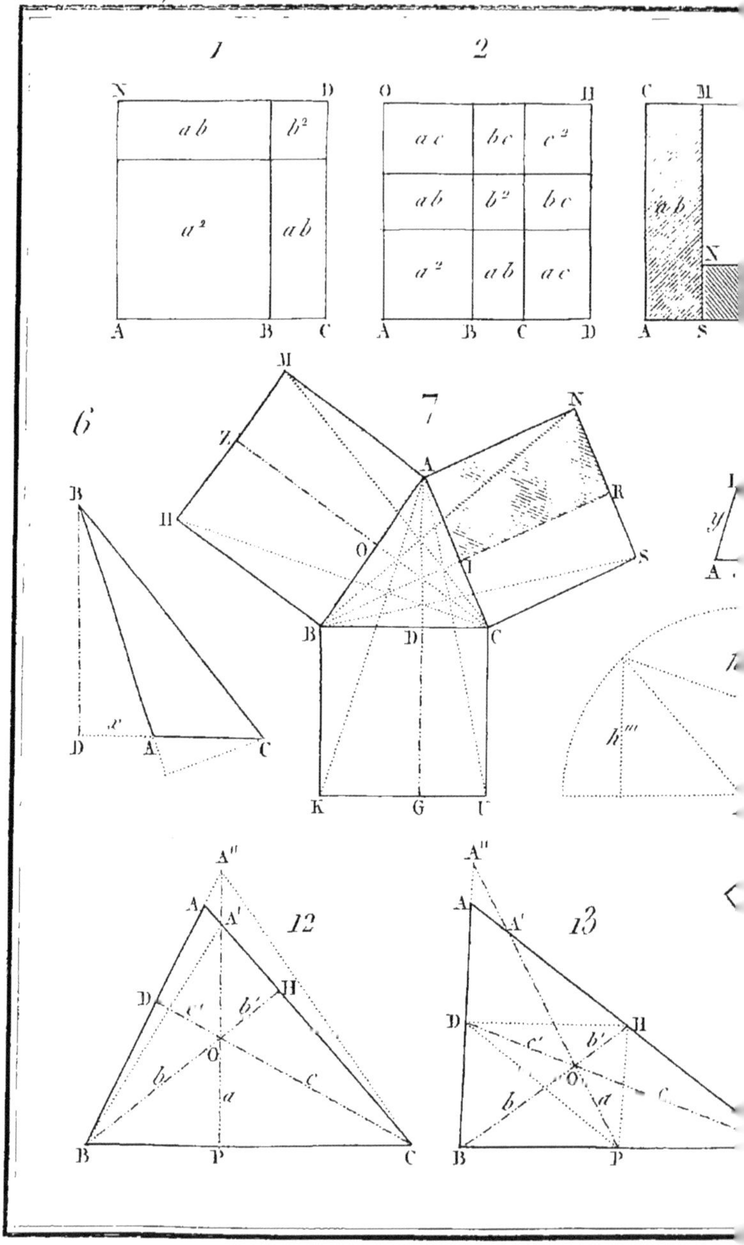

Géométrie plane

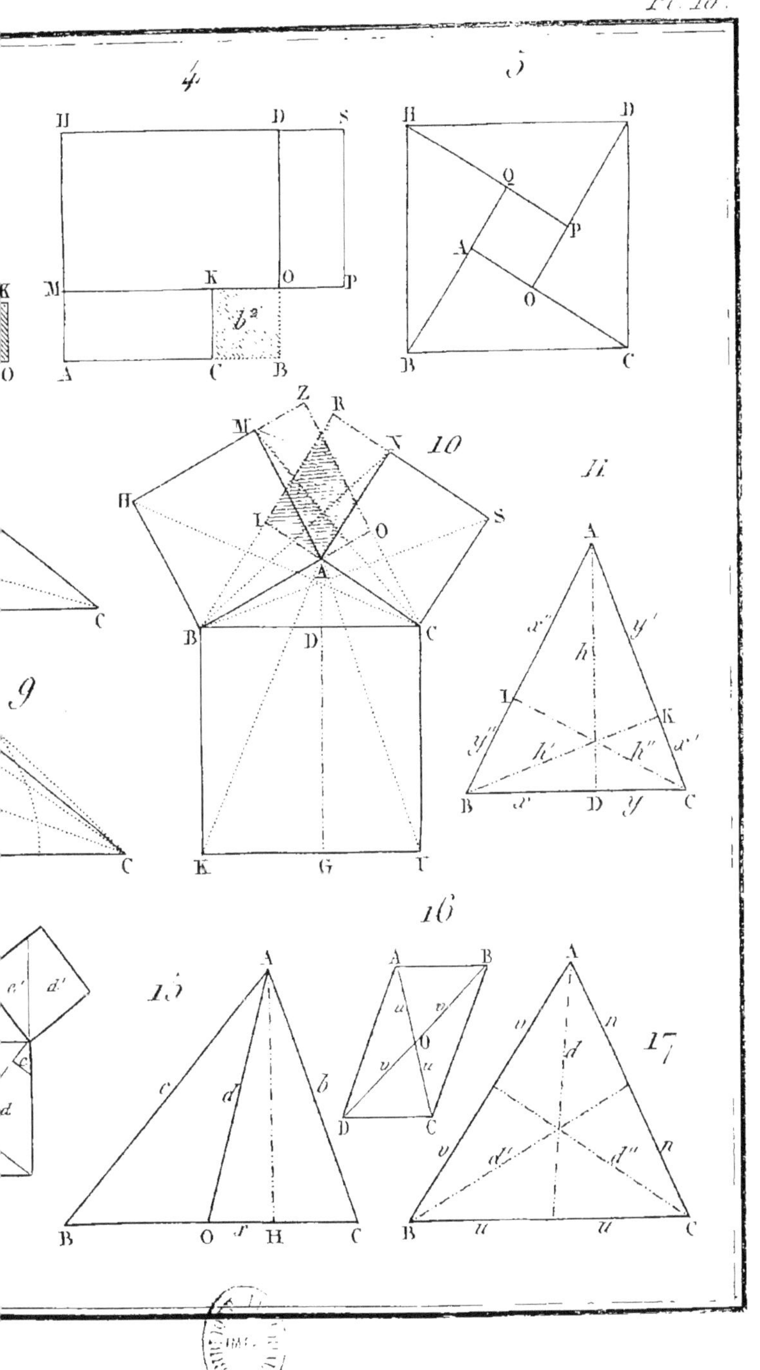
4
H D S
M K O P
b^2
A C B
5
H D
Q P
A O
B C
10
Z R
M N
H S
L O
A
B D C
K G I
9
11
A
x'' y'
h
L K
y'' h' h'' x'
B x D y C
16
A B
u v
O
v u
D C
15
A
c d b
B O x H C
17
A
v n
d
v n
d' d''
B u u C

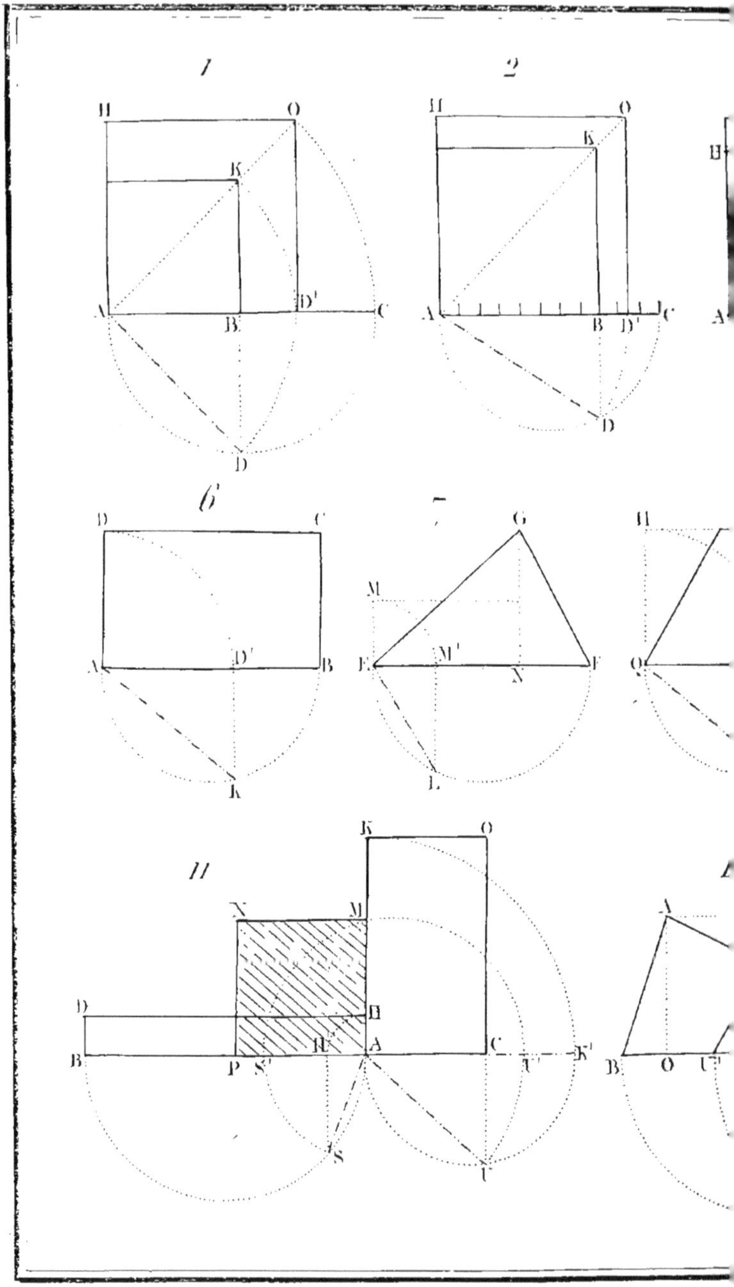

1

2

6

7

11

Pl. 19.

4
S
I
A
V
B
D'
U
D
5
H
B'
K
I
A
V
U
D'
B
D
9
O
C
O'
P
V
D
U
X
Z
K'
A'
10
L
S'
Z'
K
D
H
C
13
A
C
C'
D
B'
B'
B
X
A
14
A
D
C'
C''
B'
B'
C
B

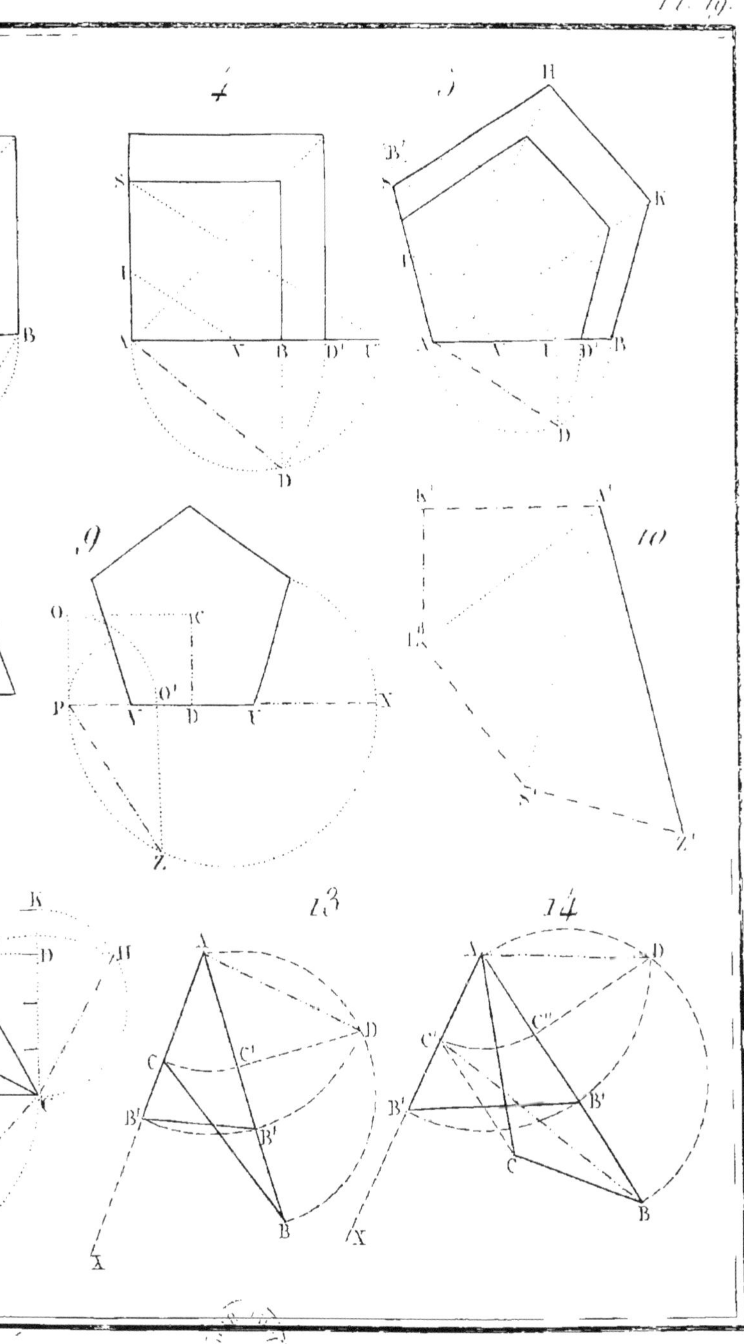

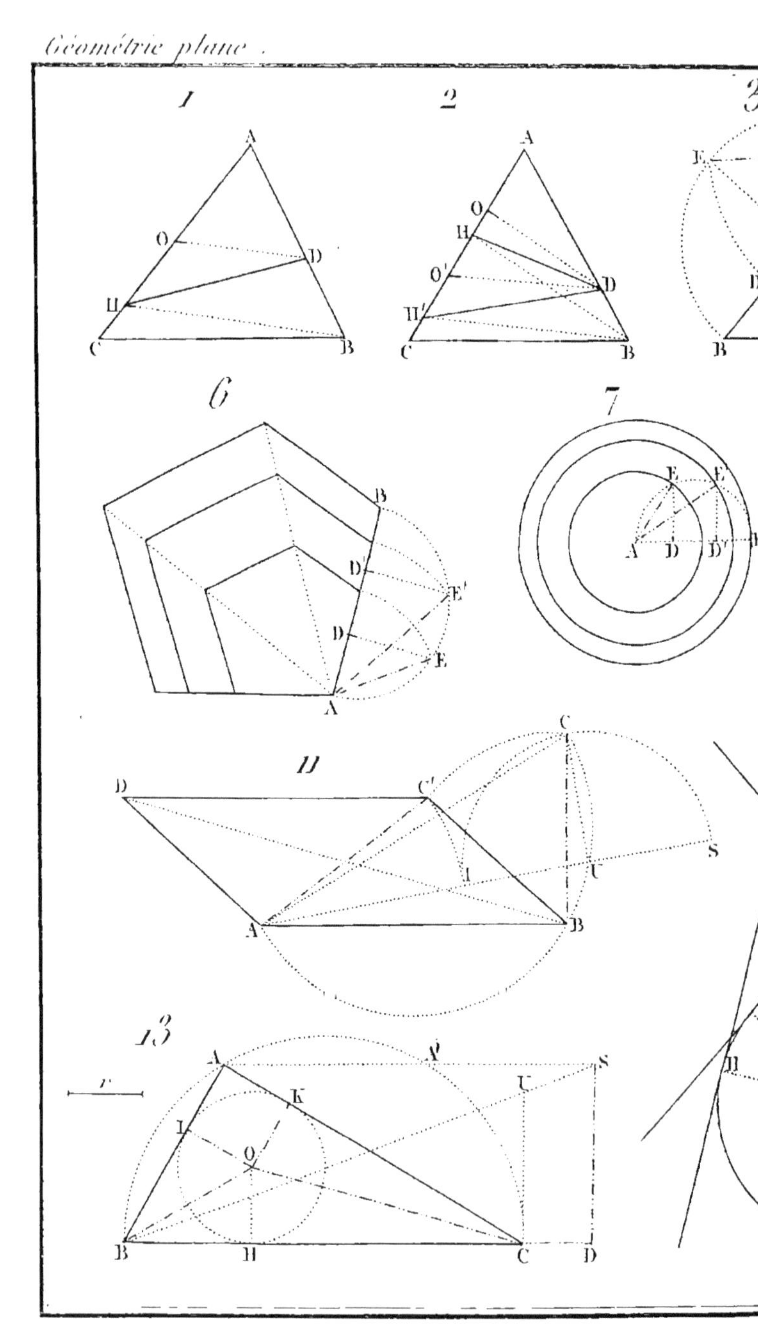
Géométrie plane .
1
2
3
6
7
11
13

Pl. 20.

4
E
E'
E''
E'''
A
D
H
D'
H'
D''
D'''
B
C
5
E
A
K
O
S
D
H
B
C
9
E
B
D
A
10
C
D
H''
U
I
K
A
H'
D'
S
B
O
D''
H
12
A
I
K
O
B
H
C
14
A
O'
O
D
B
M'
C
M

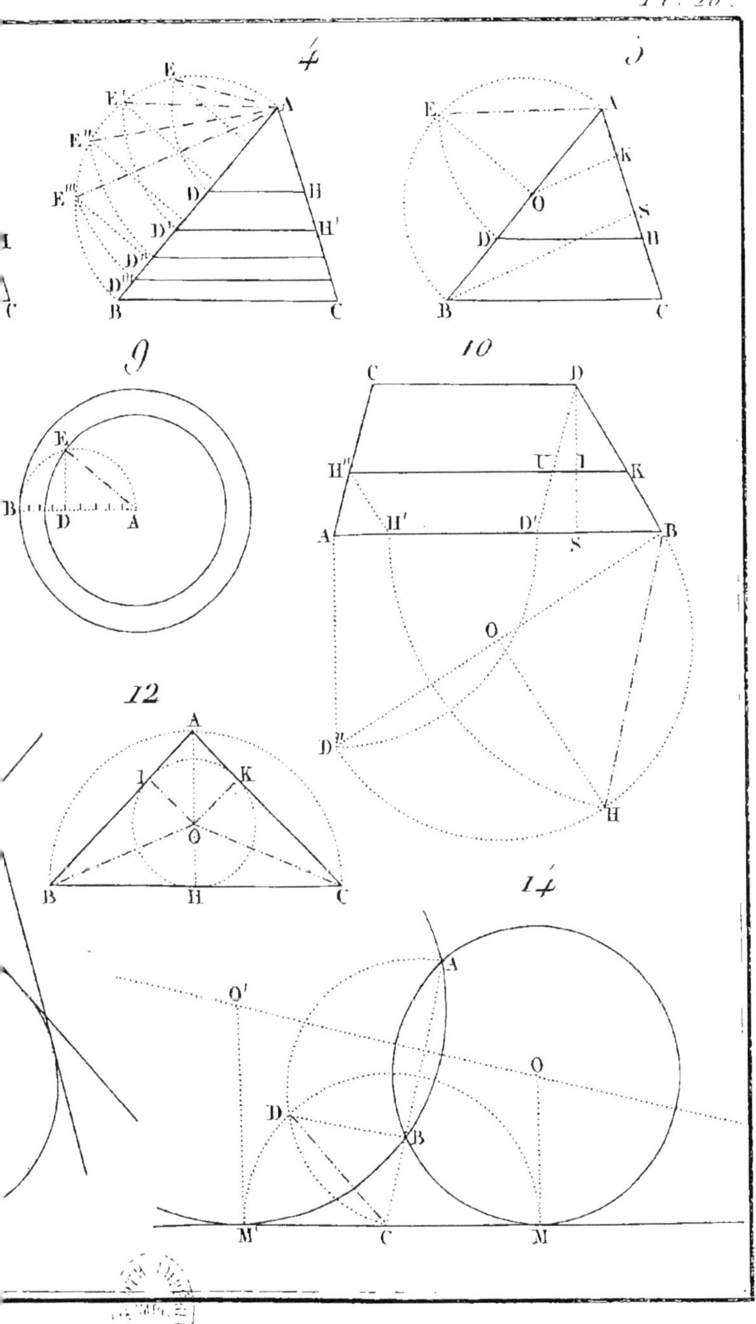

1
2
4
6
7
10
11
a
D
C
S
I
K
B'
A
H
B
C'
D'
D''
D'''
C'''
M
O
C''
H'
M'

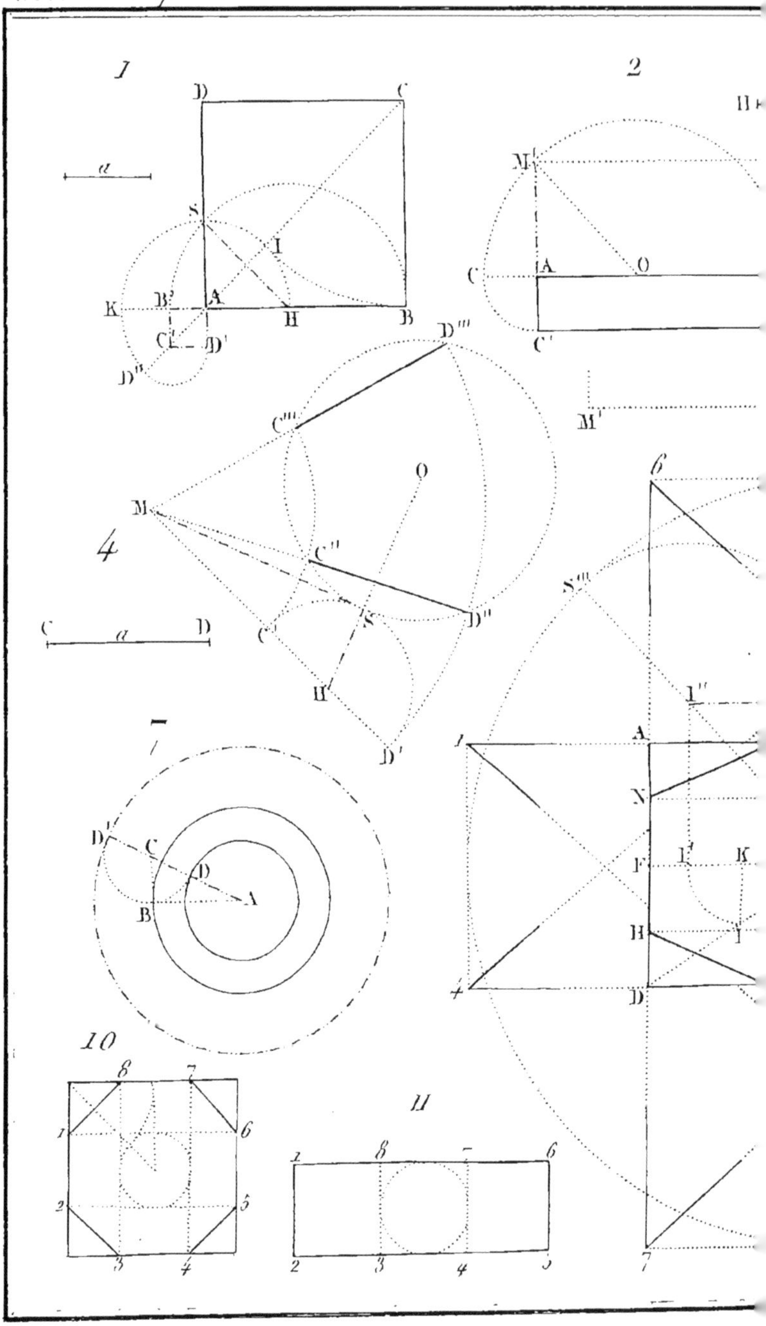

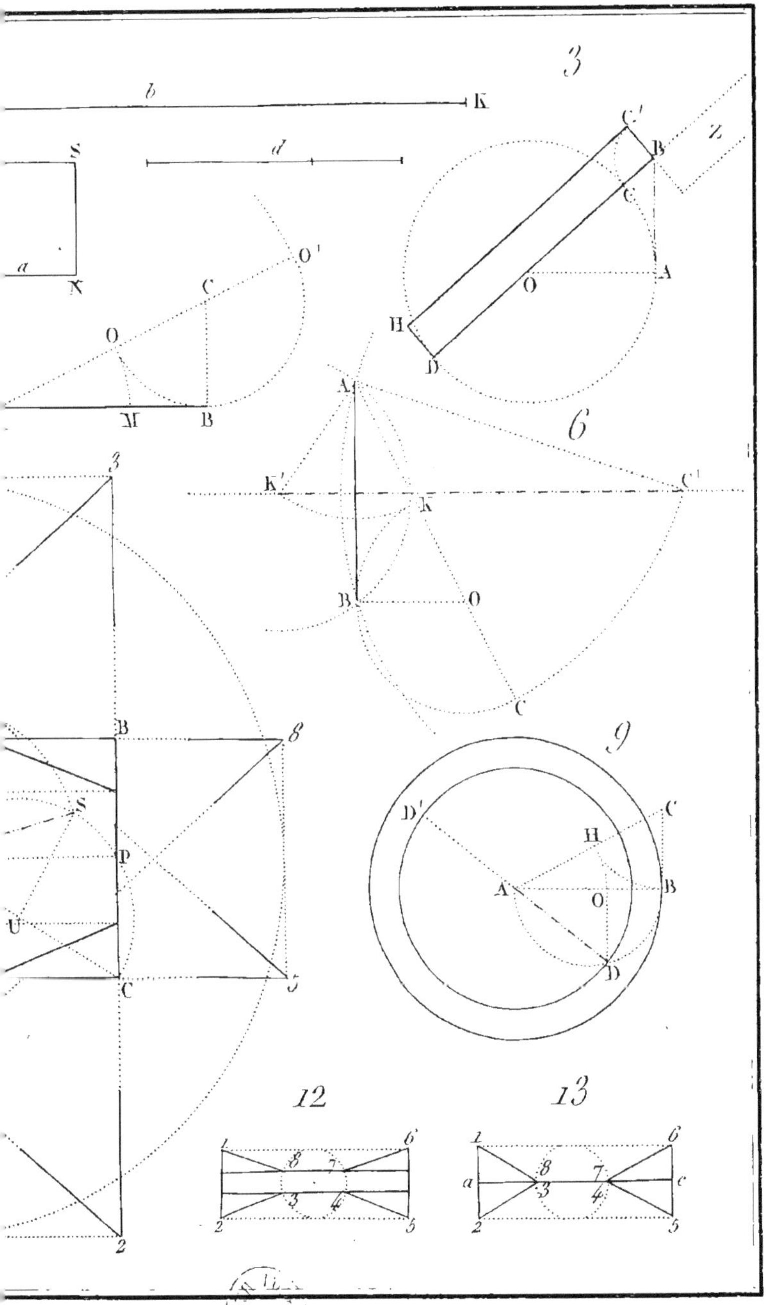

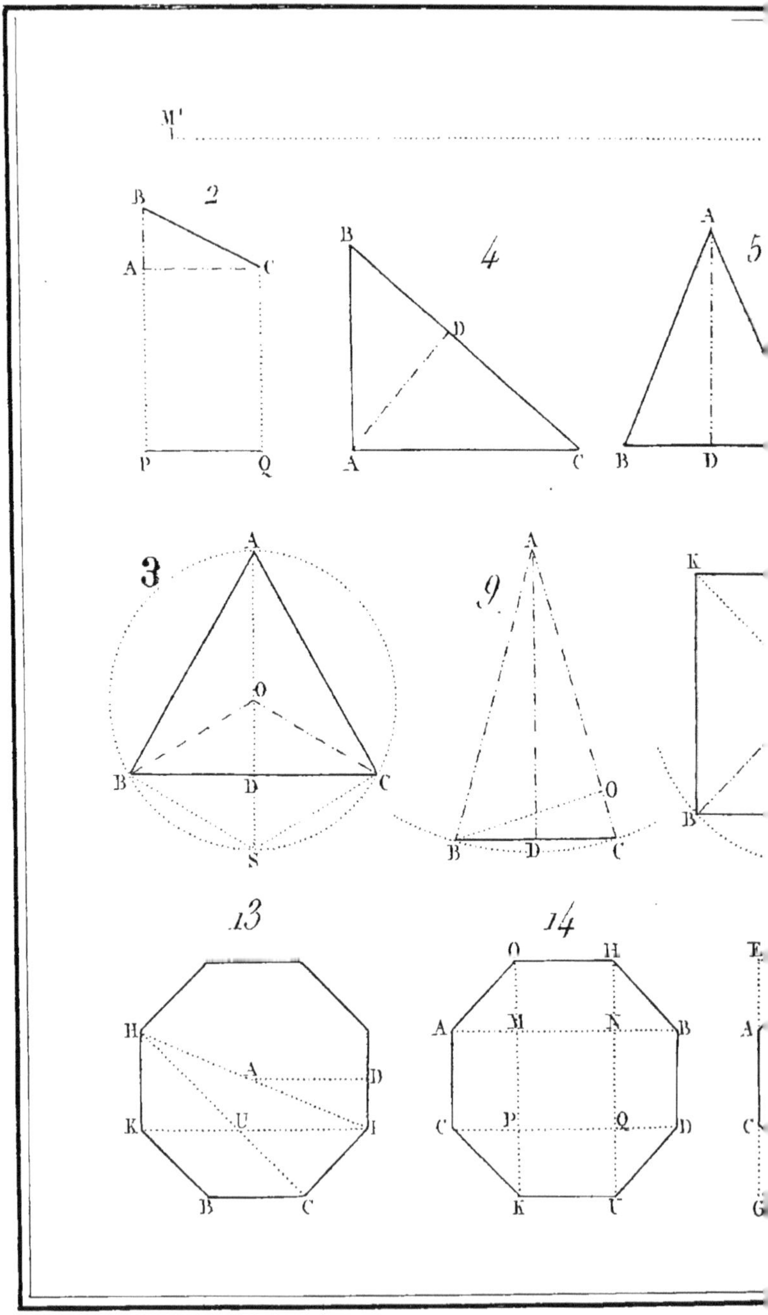

M'

2

B
A
C
P
Q

4

B
D
A
C

5

A
B
D

3

A
O
B
D
C
S

9

A
O
B
D
C

K
B

13

H
A
D
K
U
I
B
C

14

O
H
A
M
N
B
C
P
Q
D
K
U

E
A
C
G

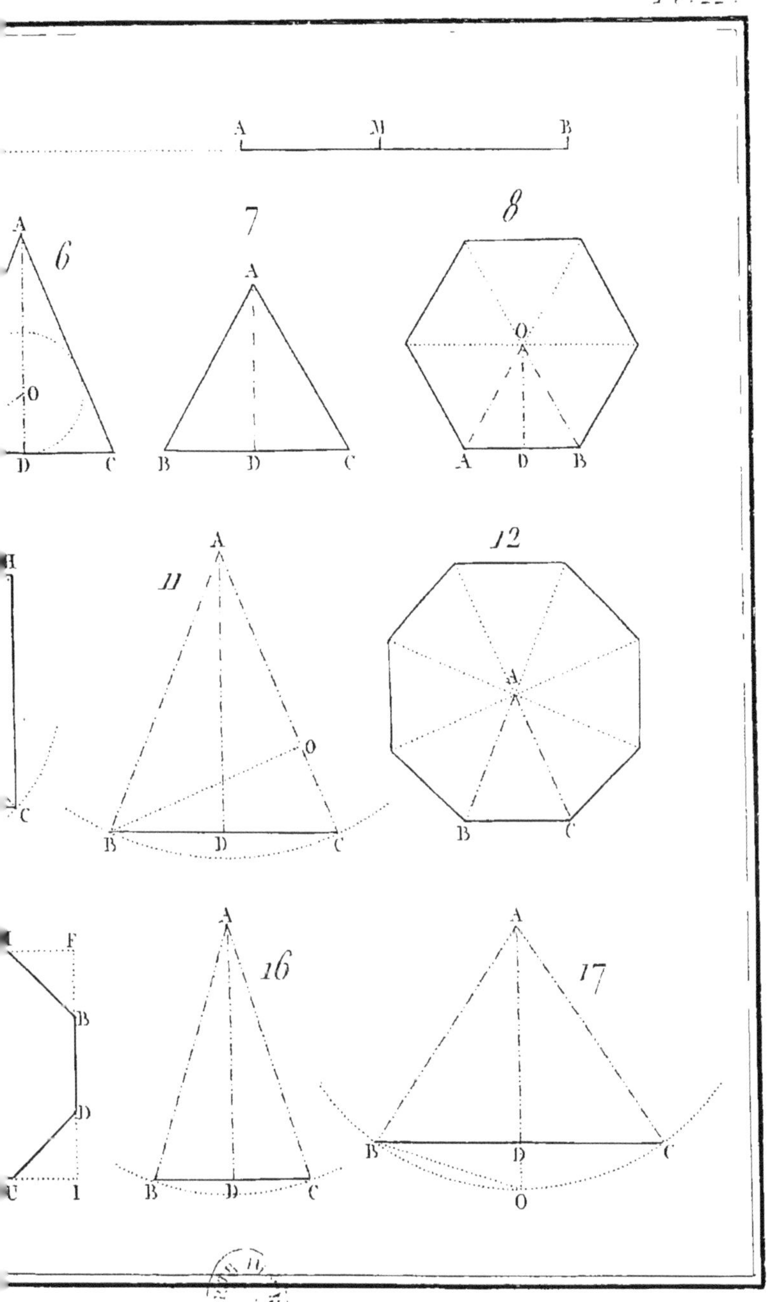

A M B
6
7
8
11
12
16
17

Géométrie plane.

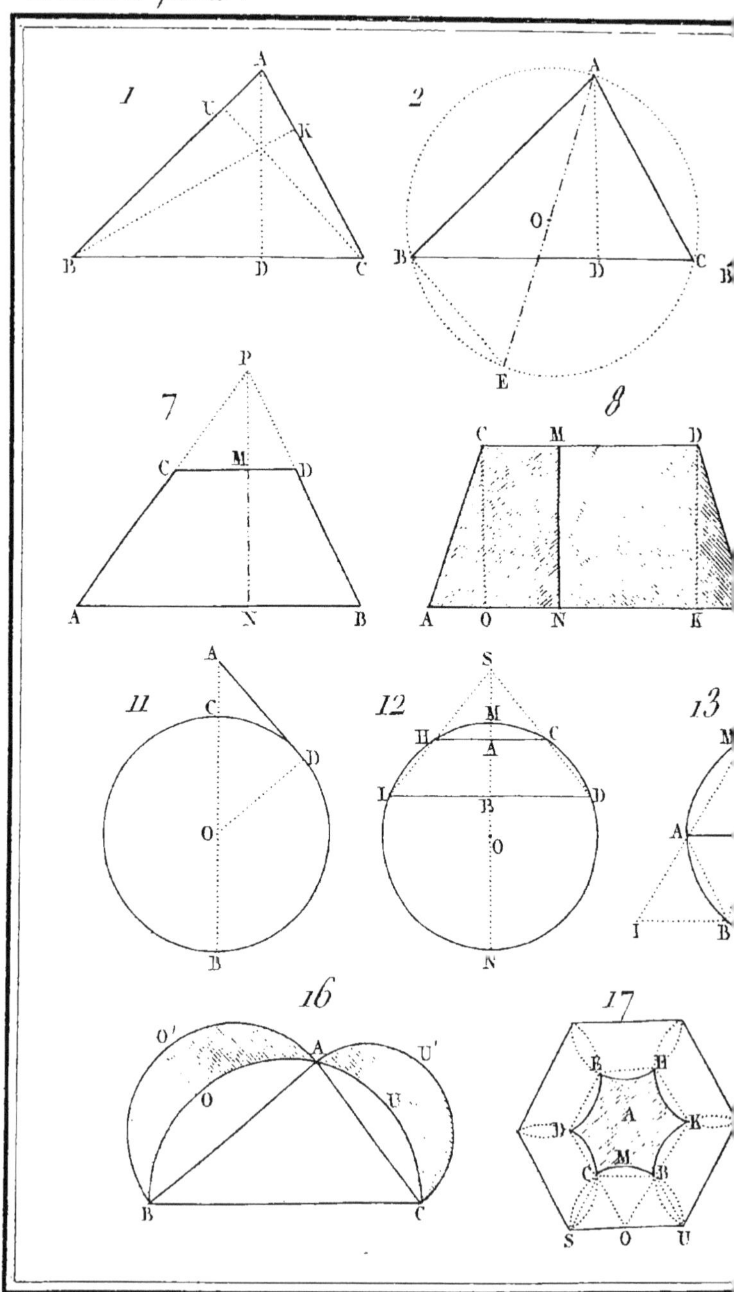

Pl. 23.

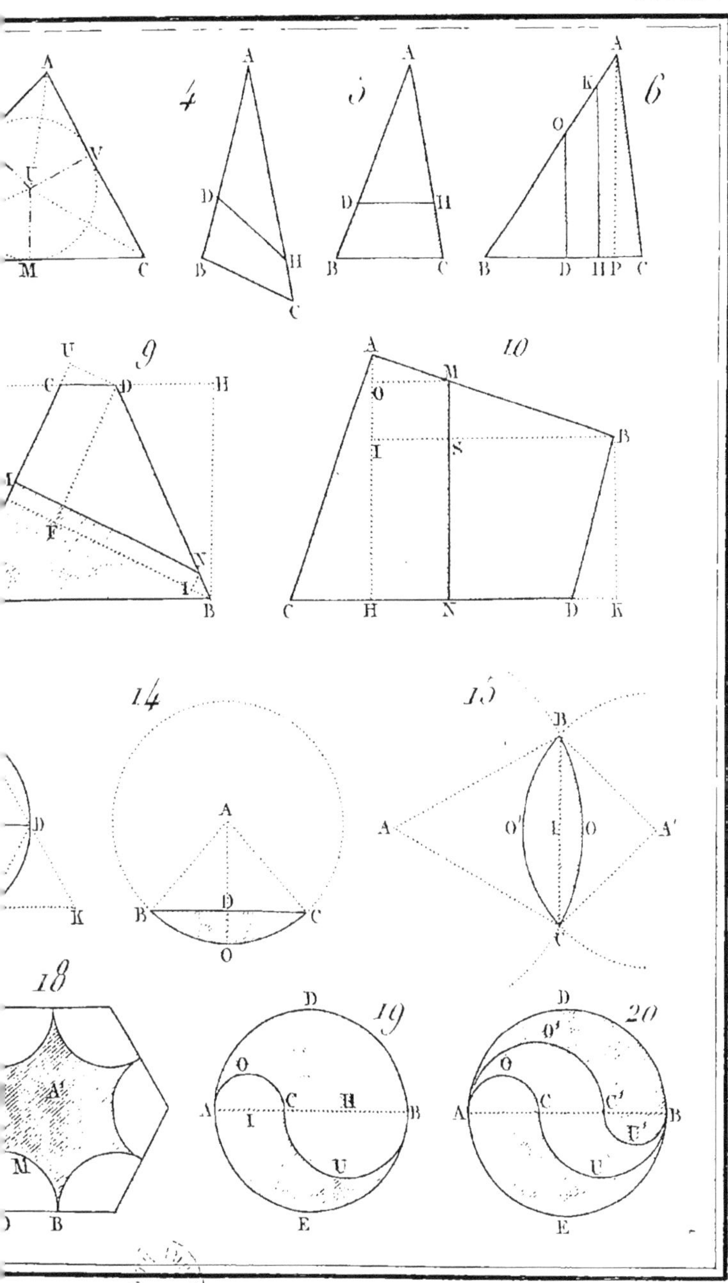

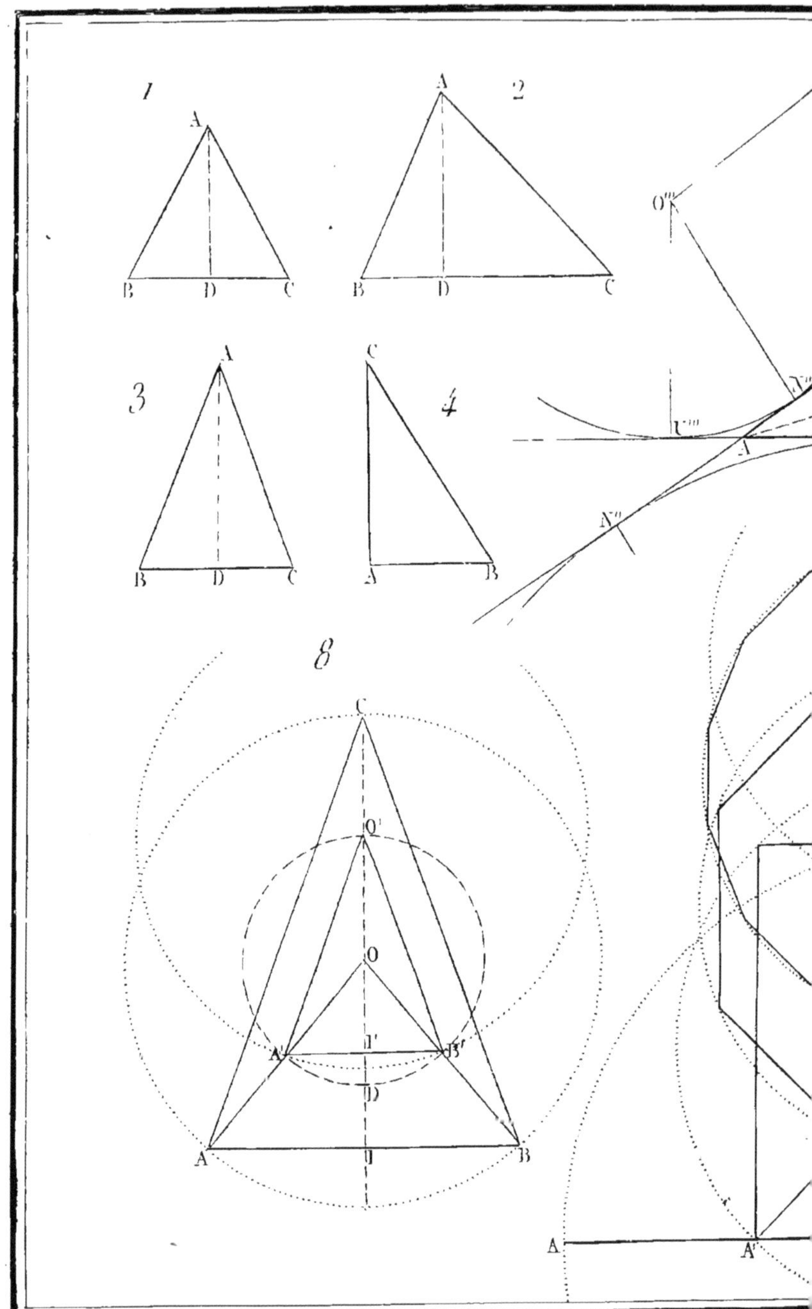
1
A
B
D
C
2
A
B
D
C
3
A
B
D
C
4
C
A
B
8
C
O'
O
A'
I'
B'
D
A
I
B
O'''
U'''
A
N''
A
A'

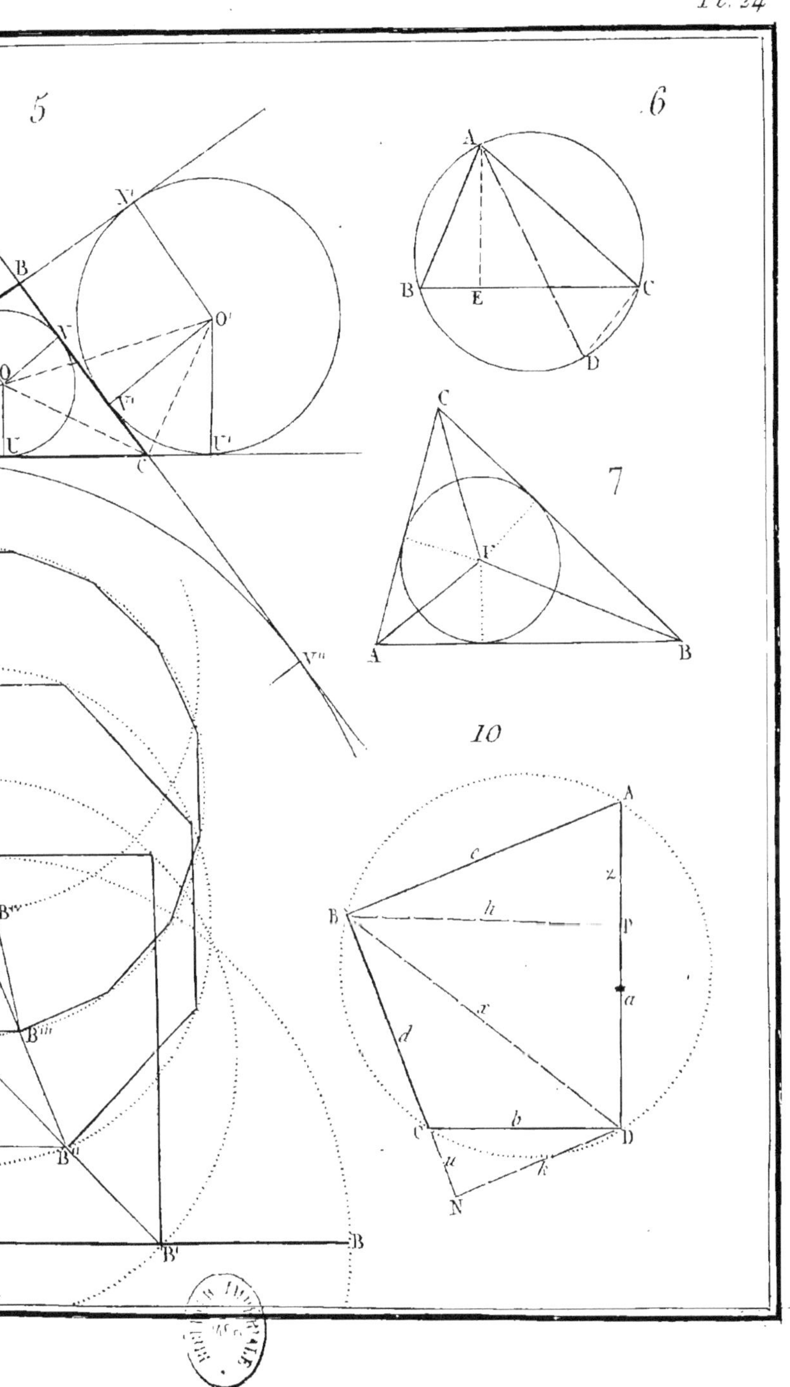
5
6
7
10
A
B
C
D
E
O
O'
U
U'
V
V'
V''
I
c
h
z
P
a
x
d
b
u
k
N
B'
B''
B'''

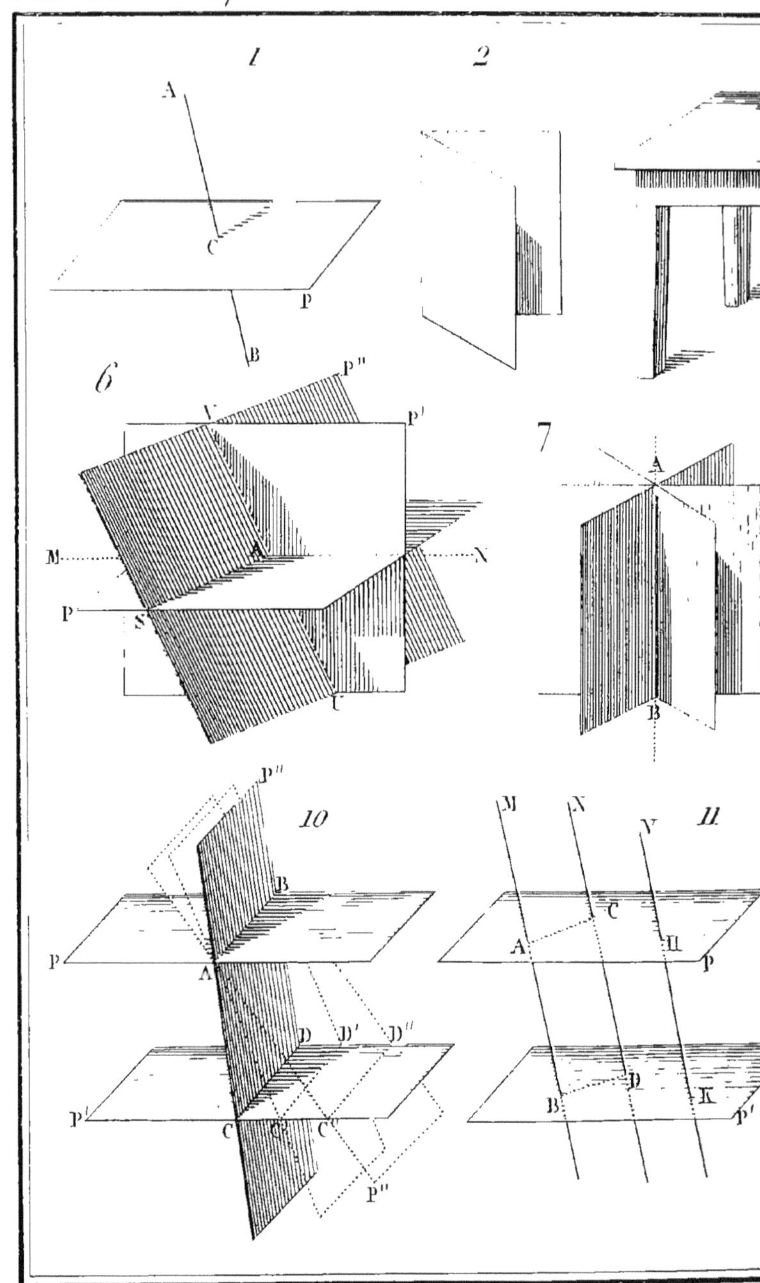
1
A
C
P
B
2
6
P''
V
P'
M
A
N
P
S
C
7
A
B
10
P''
B
P
A
D
D'
D''
P'
C
C'
C''
P''
11
M
N
V
C
A
H
P
D
B
K
P'

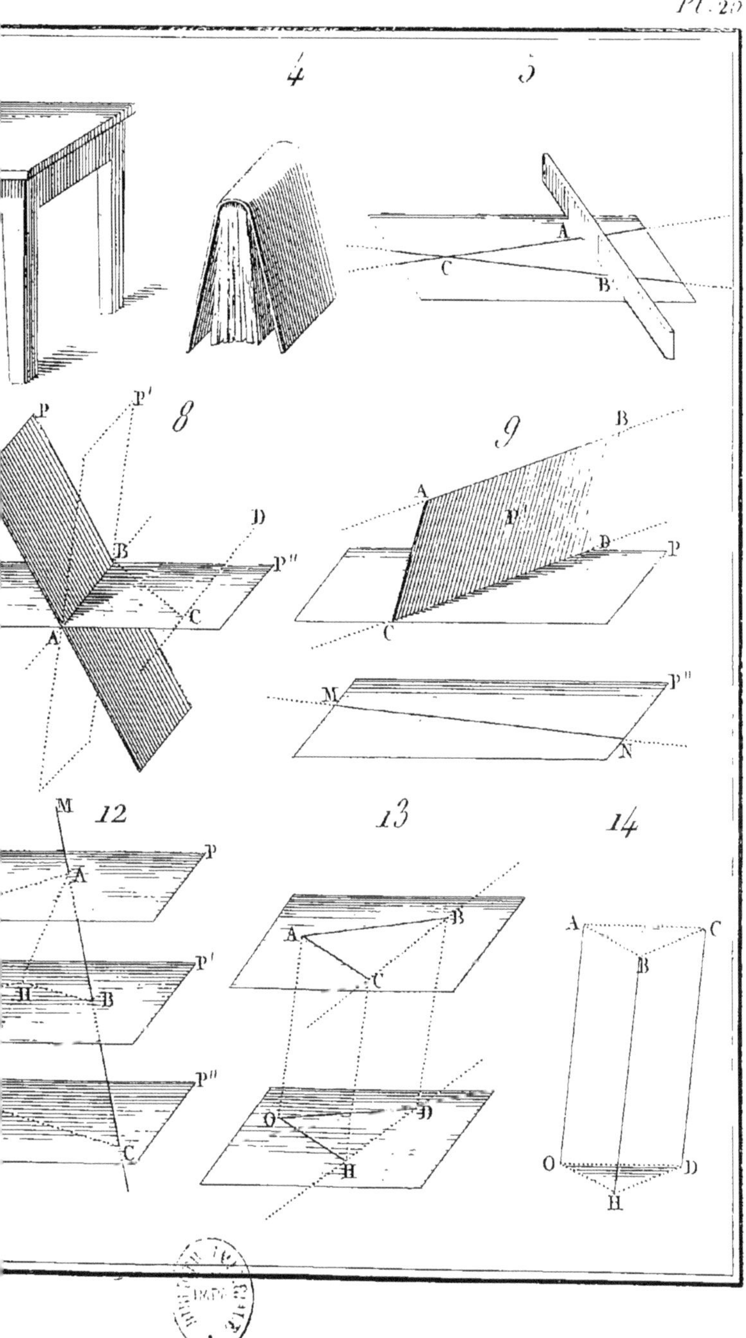
4
5
A
C
B
8
P
P'
B
D
P''
C
A
9
B
A
P'
D
P
C
M
P''
N
12
M
P
A
P'
H
B
P''
C
13
B
A
C
O
D
H
14
A
C
B
O
D
H

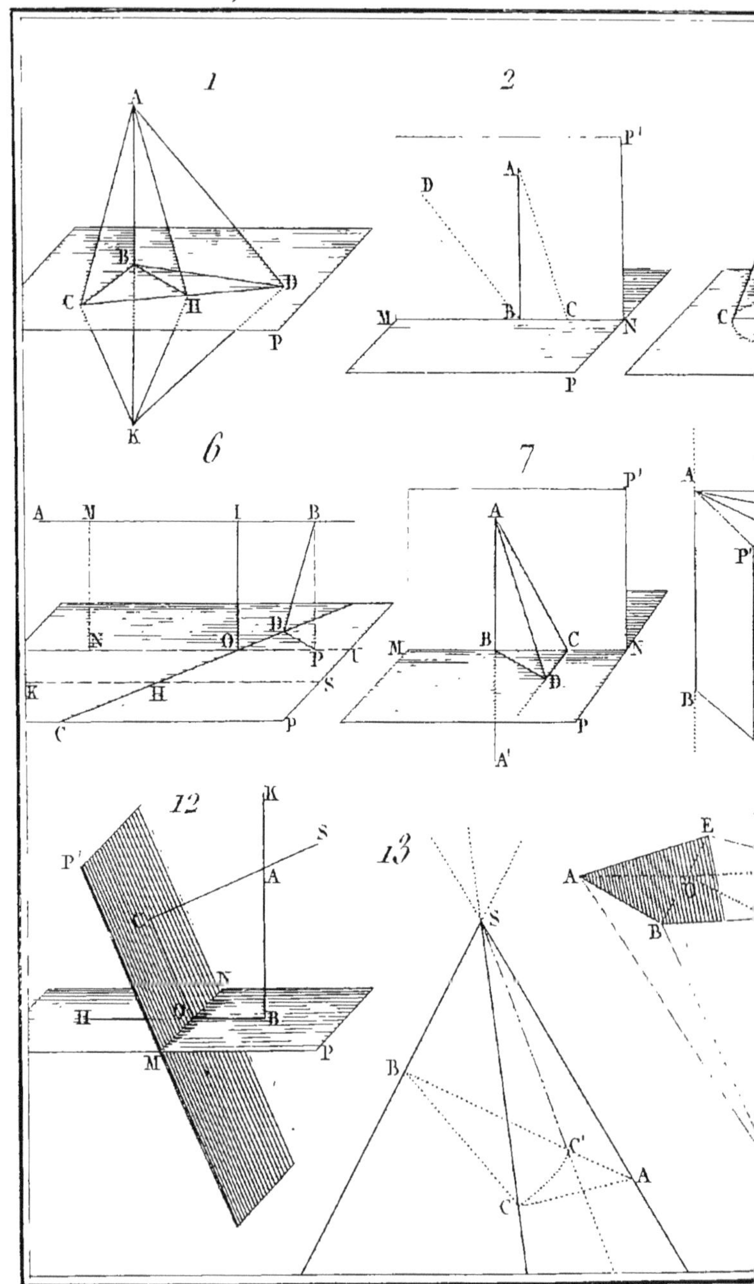
1
A
B
C
H
D
P
K
2
P'
D
A
M
B
C
N
P
C
6
A
M
I
B
N
O
D
P
U
K
H
S
C
P
7
P'
A
M
B
C
N
D
P
A'
A
P'
B
12
K
S
P'
A
C
N
H
O
B
M
P
13
S
B
C'
A
C
E
A
O
B

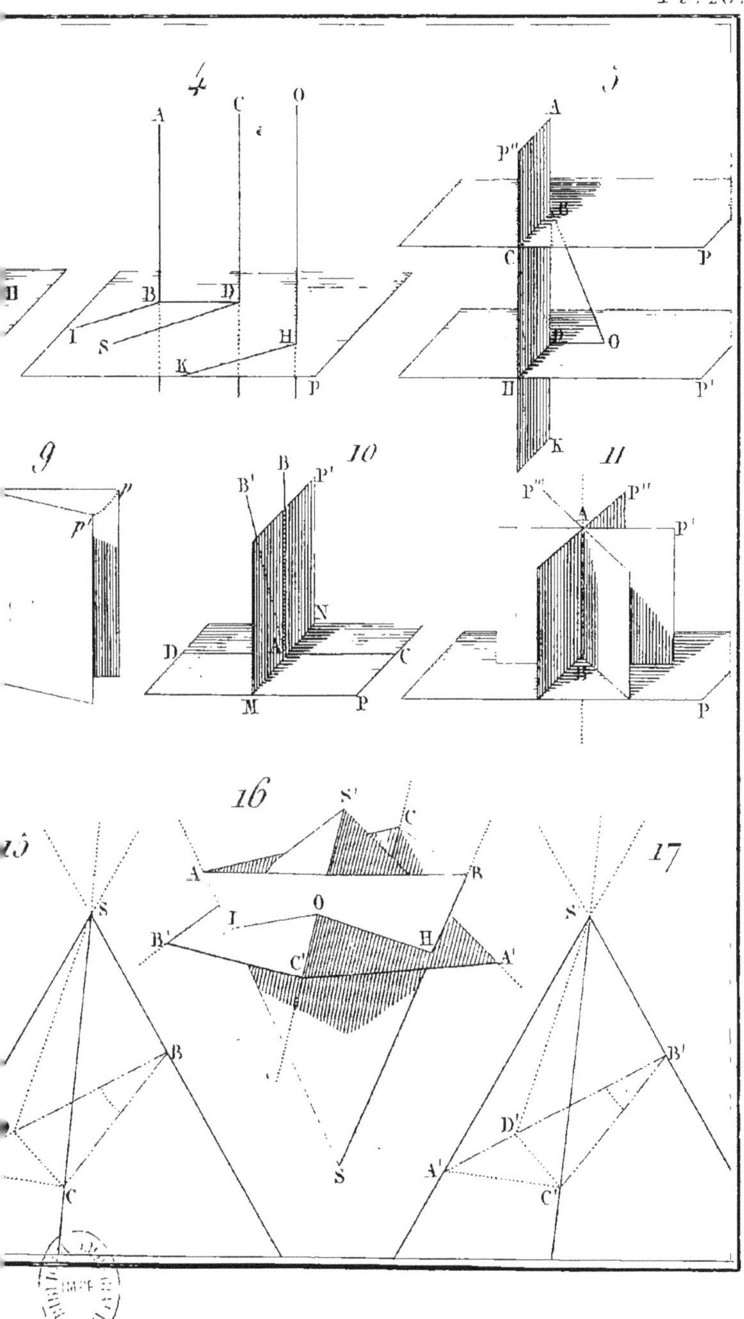
4
A
C
O
B
D
I
S
H
K
P
5
A
P''
B
C
P
D
O
H
P'
K
9
P'
10
B'
B
P'
N
D
A
C
M
P
11
P'''
A
P''
P'
B
P
16
S'
C
A
B
I
O
B'
H
C'
A'
S
S
B
C
17
S'
B'
D'
A'
C'

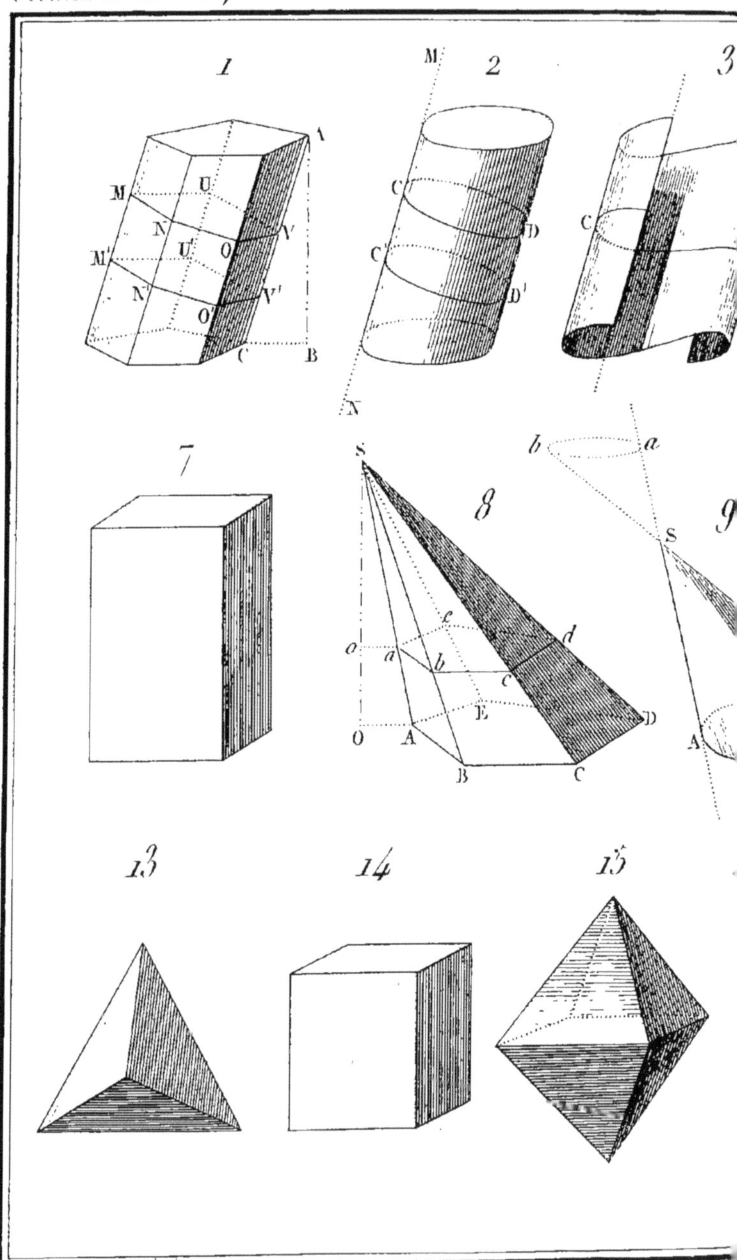
1
2
3
M
U
A
N
V
O
M'
U'
N'
V'
O'
C
B
C
D
C'
D'
N
7
8
9
S
b
a
e
d
o
a
b
c
E
D
O
A
B
C
13
14
15

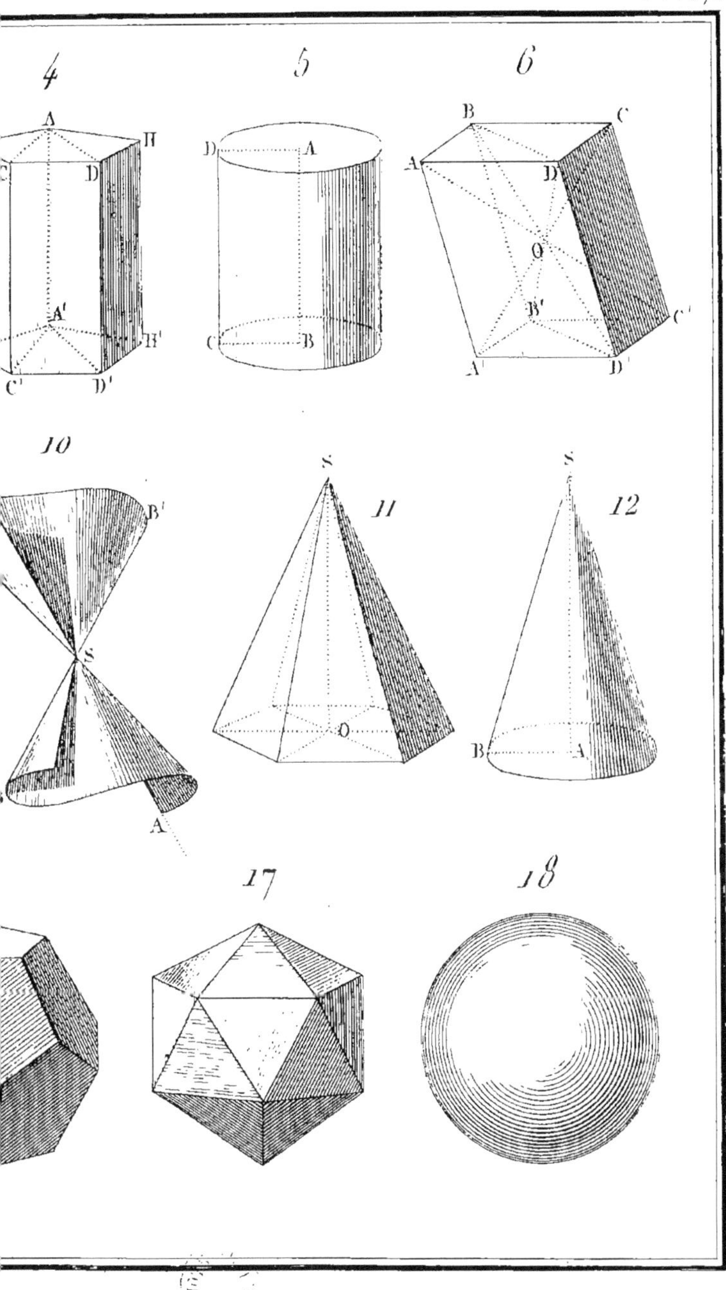
4
A
H
C
D
A'
H'
C'
D'
5
D
A
C
B
6
B
C
A
D
O
B'
C'
A'
D'
10
B'
S
A
S
11
O
S
12
B
A
17
18

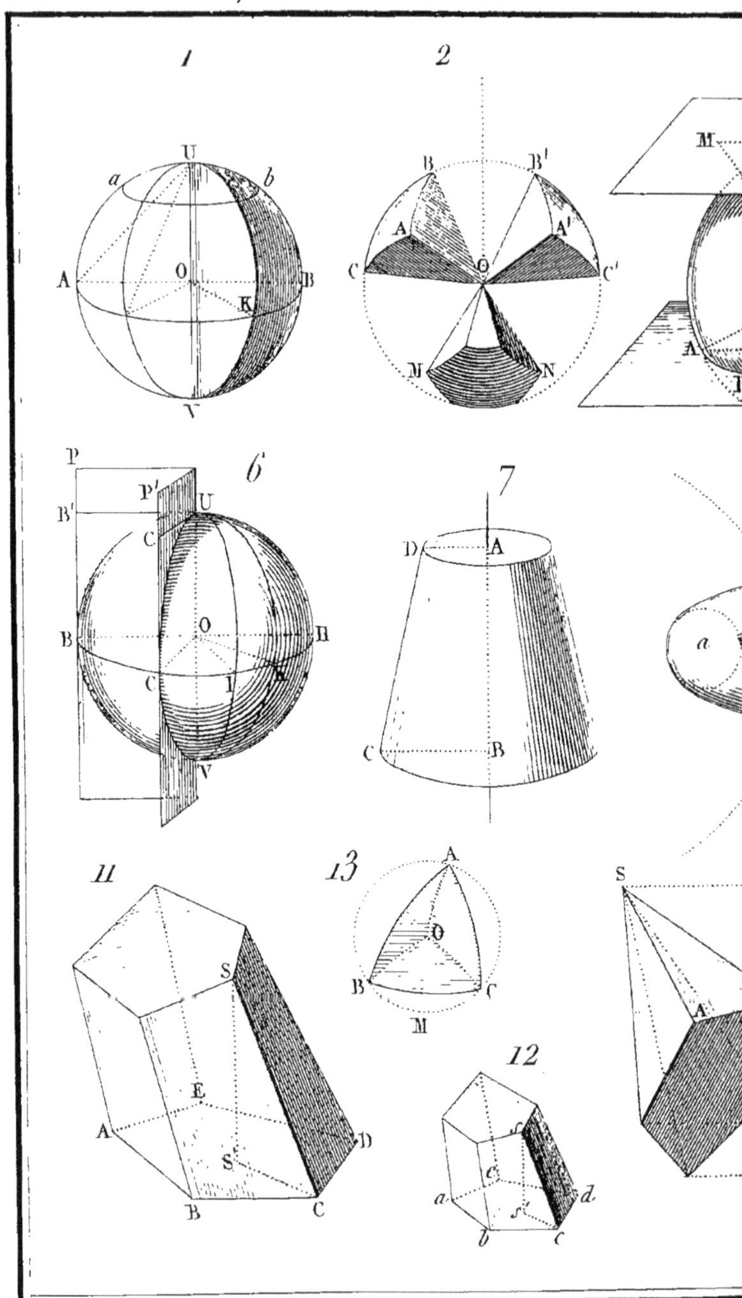
1
2
6
7
11
13
12
U
a
b
A
O
B
K
V
B
B'
A
A'
C
O
C'
M
N
P
P'
B'
U
C
B
O
H
C
I
K
V
D
A
C
B
a
A
O
B
C
M
S
E
A
D
S'
B
C
S
c
a
d
s'
b
c

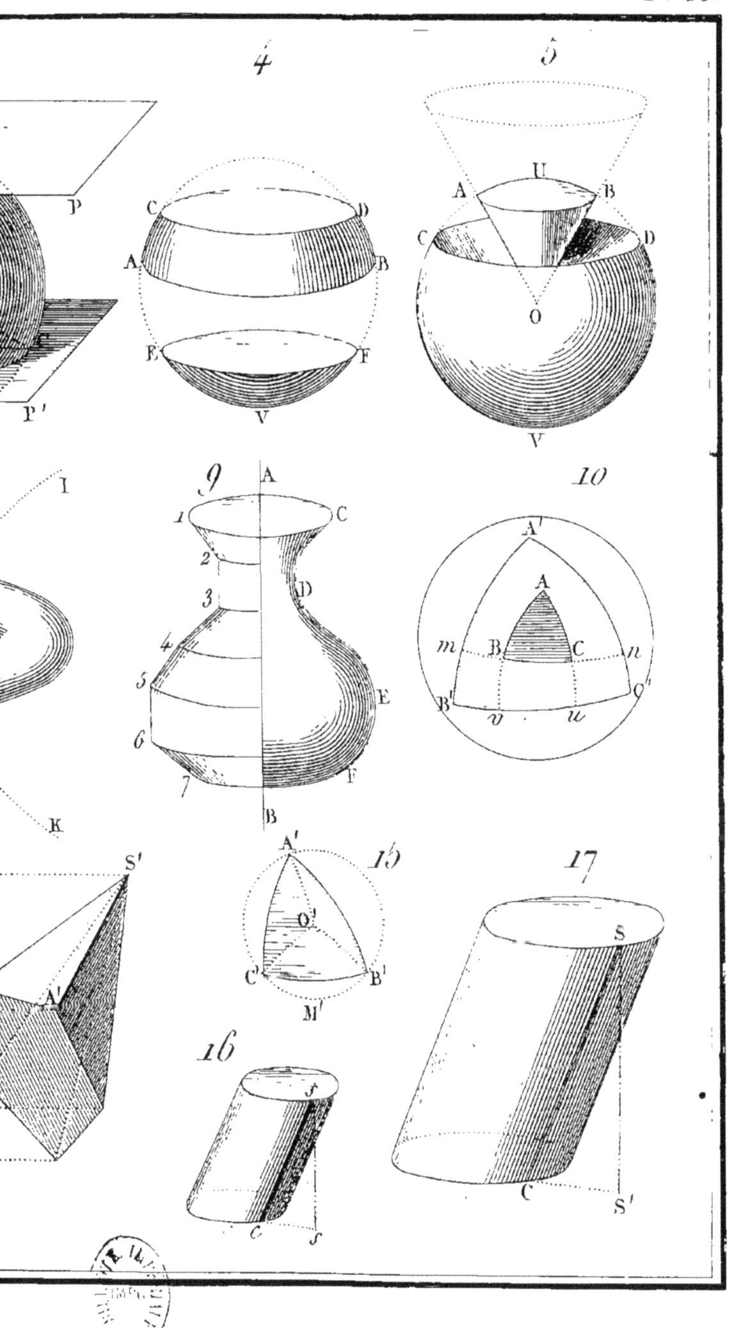
4
5
P
P'
C
D
A
B
E
F
V
U
O
9
10
I
K
1
2
3
4
5
6
7
A'
m
n
B'
C'
v
u
S'
15
17
O'
M'
16
S
s
c

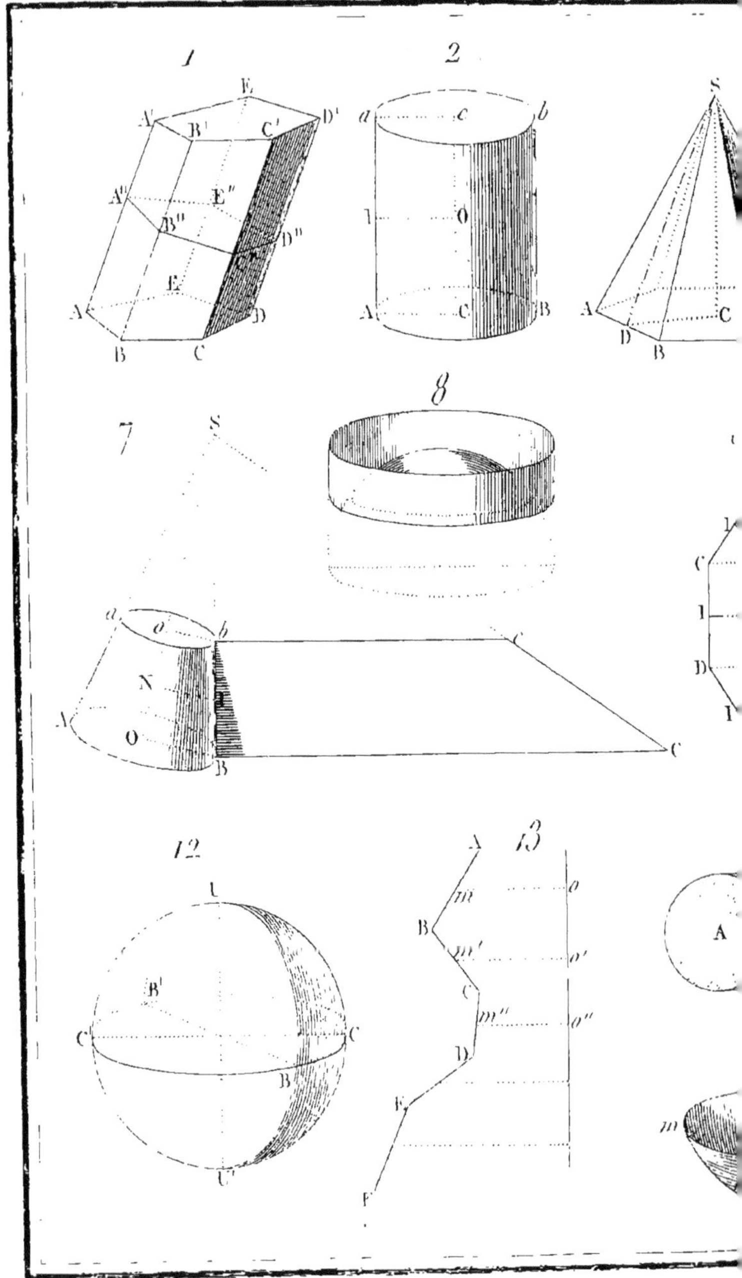
1
E
A'
B'
C'
D'
A''
E''
B''
D''
C''
E
A
D
B
C
2
a
c
b
I
O
A
C
B
S
A
C
D
B
7
S
8
a
o
b
N
A
O
B
C
C
12
U
B'
C
C
B
U'
A
13
m
o
B
m'
o'
C
m''
o''
D
E
F
A
m

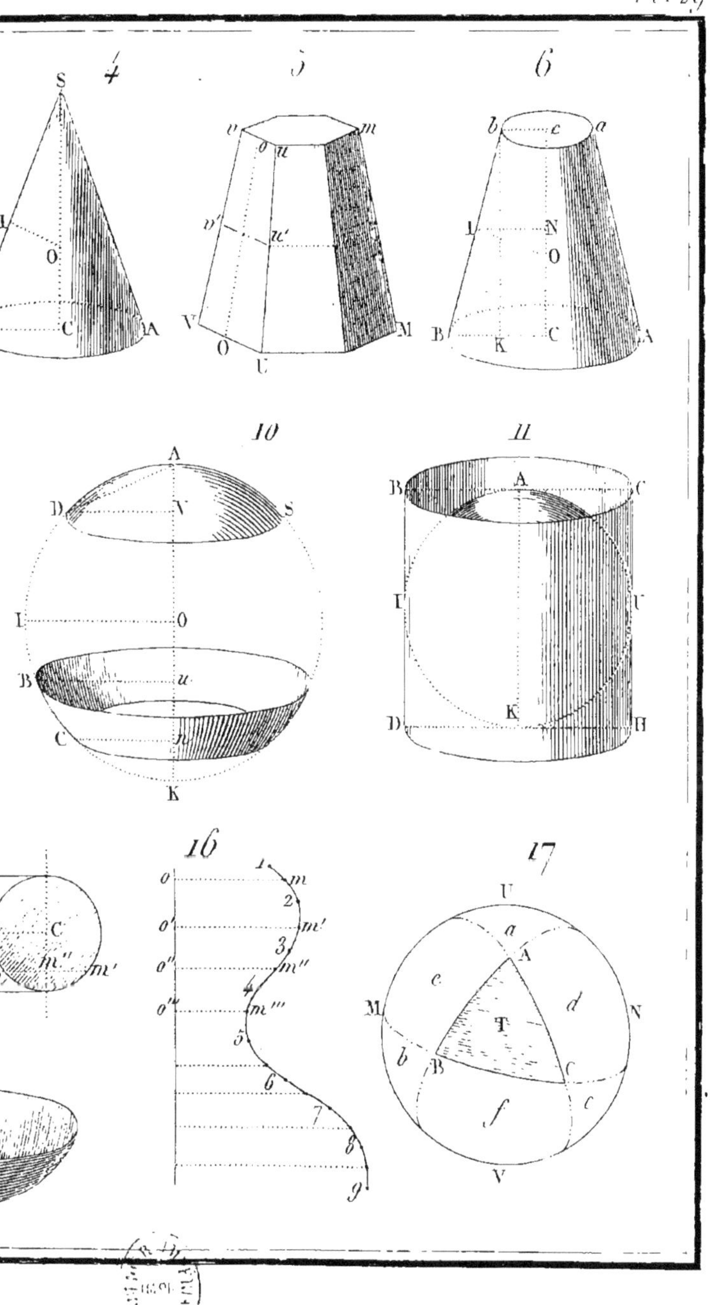
4
S
I
O
C
A
5
v
m
o
u
v'
u'
V
O
U
M
6
b
c
a
L
N
O
B
K
C
A
10
A
D
V
S
I
O
B
u
C
n
K
11
B
A
C
I
U
K
D
H
C
m''
m'
16
o
o'
o''
o'''
1
m
2
m'
3
m''
4
m'''
5
6
7
8
9
17
U
a
A
c
d
M
N
T
b
B
C
e
f
V

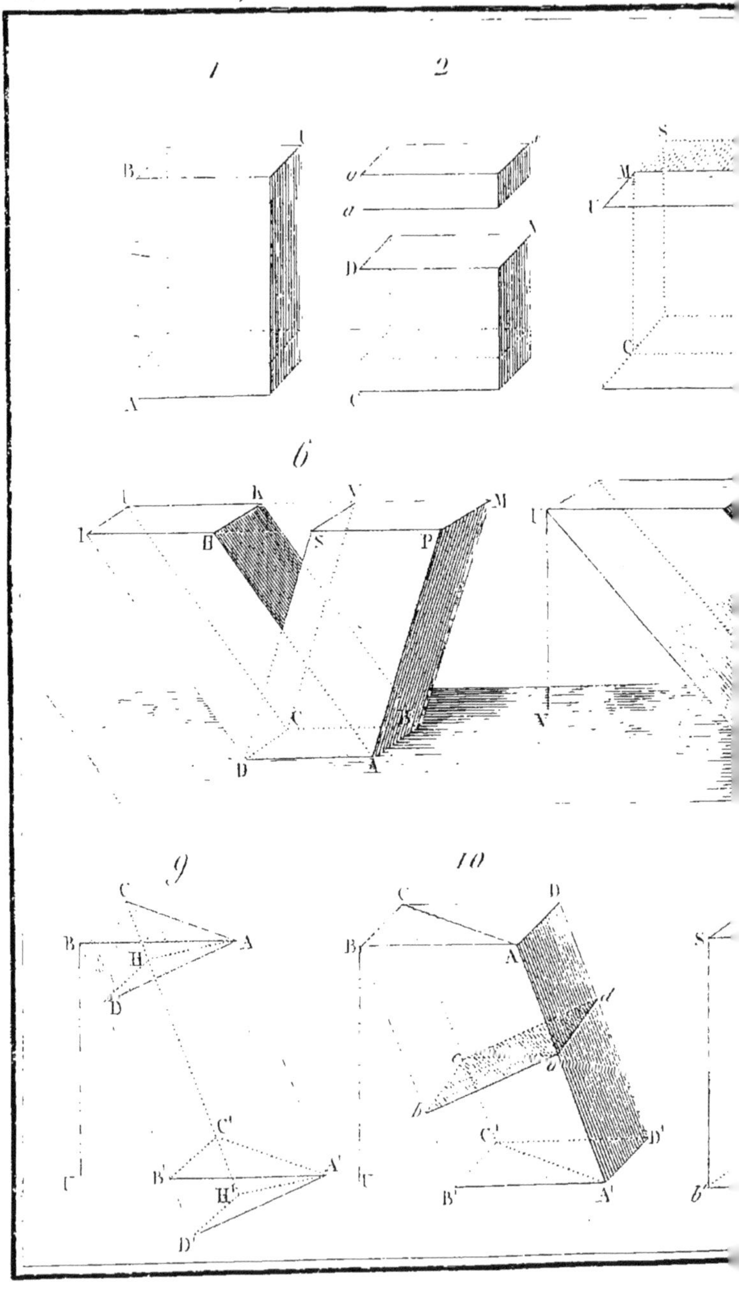

Géométrie de l'espace

1 2

6

9 10

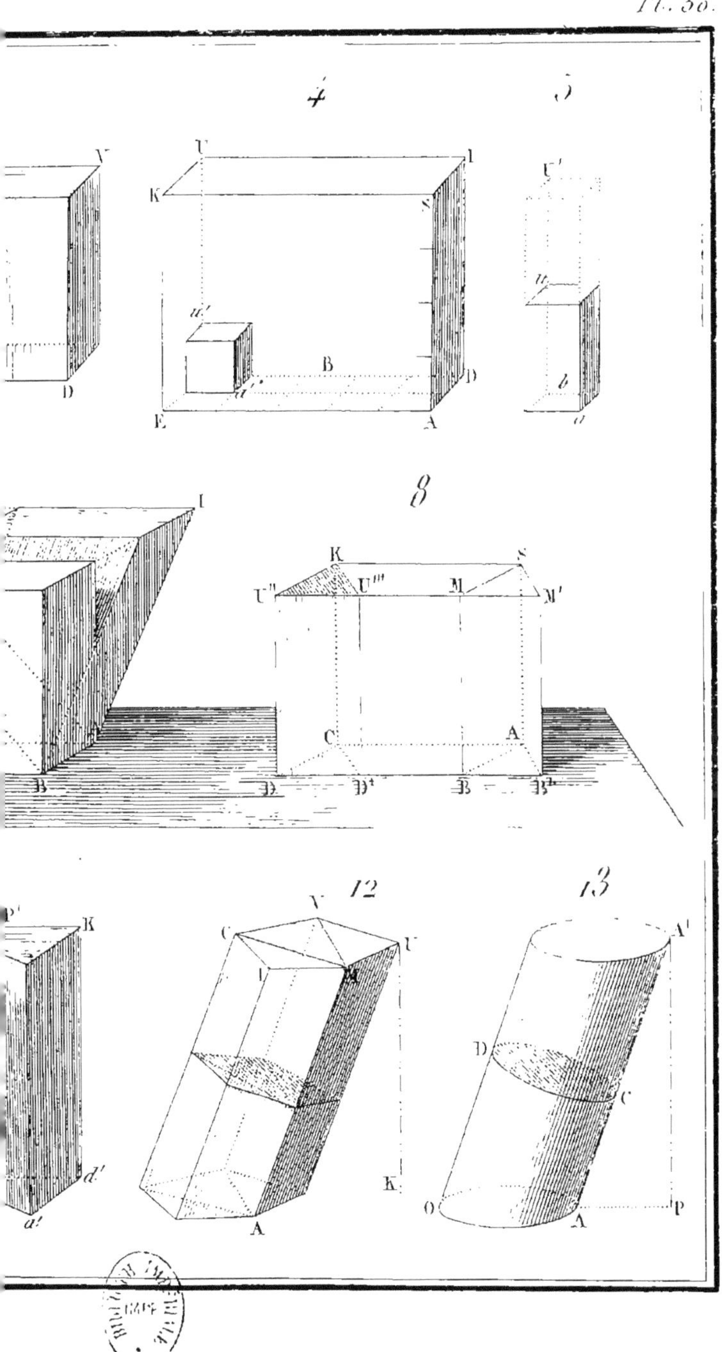
Pl. 30.
4
5
8
12
13

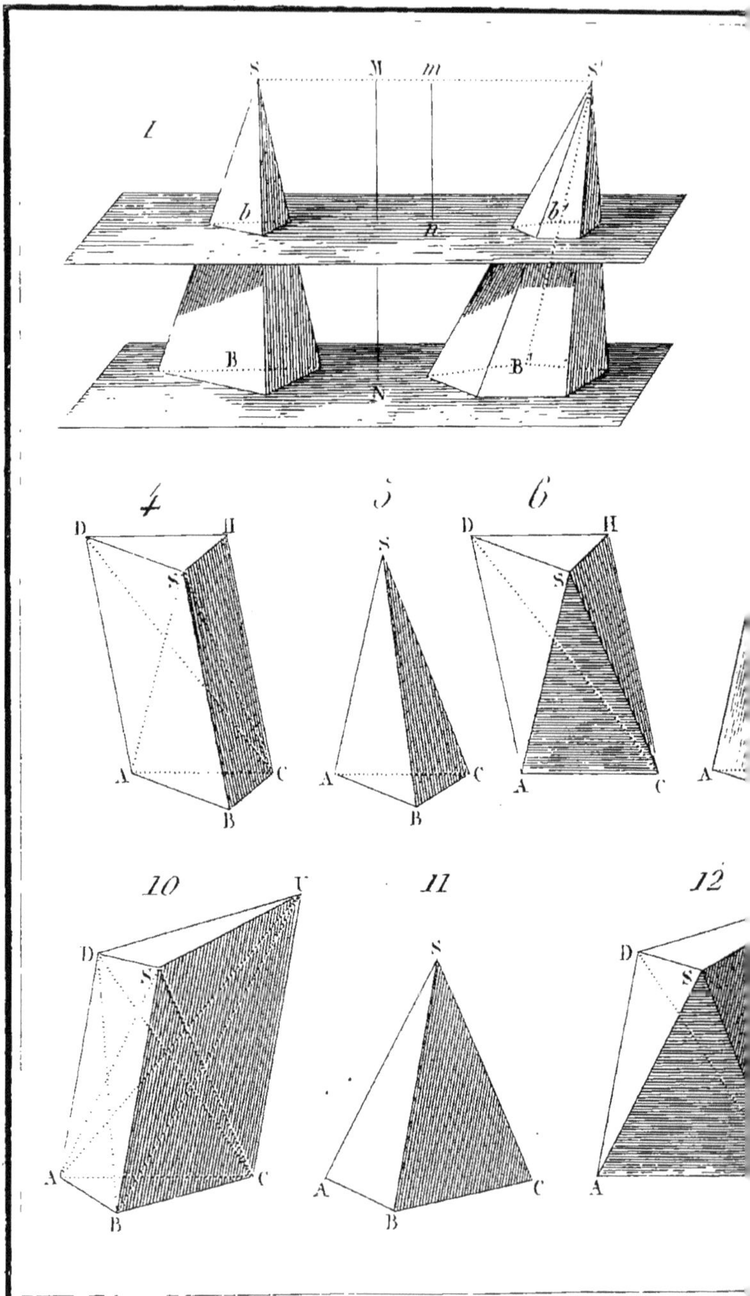

1

4

5

6

10

11

12

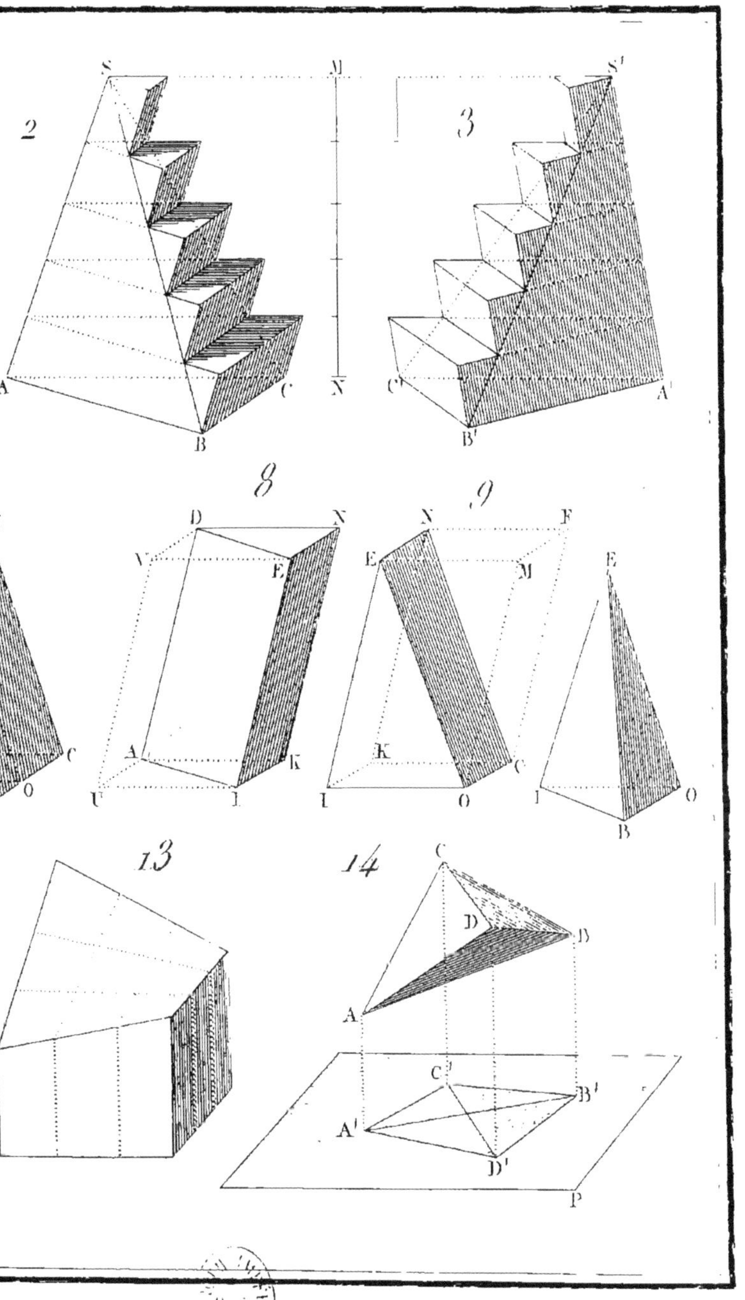
2
S
M
A
C
N
B
3
S'
C'
A'
B'
8
D
N
V
E
A
K
U
I
9
N
F
E
M
K
C
I
O
E
I
B
O
N
C
O
13
14
C
D
B
A
C'
B'
A'
D'
P

Géométrie de l'espace

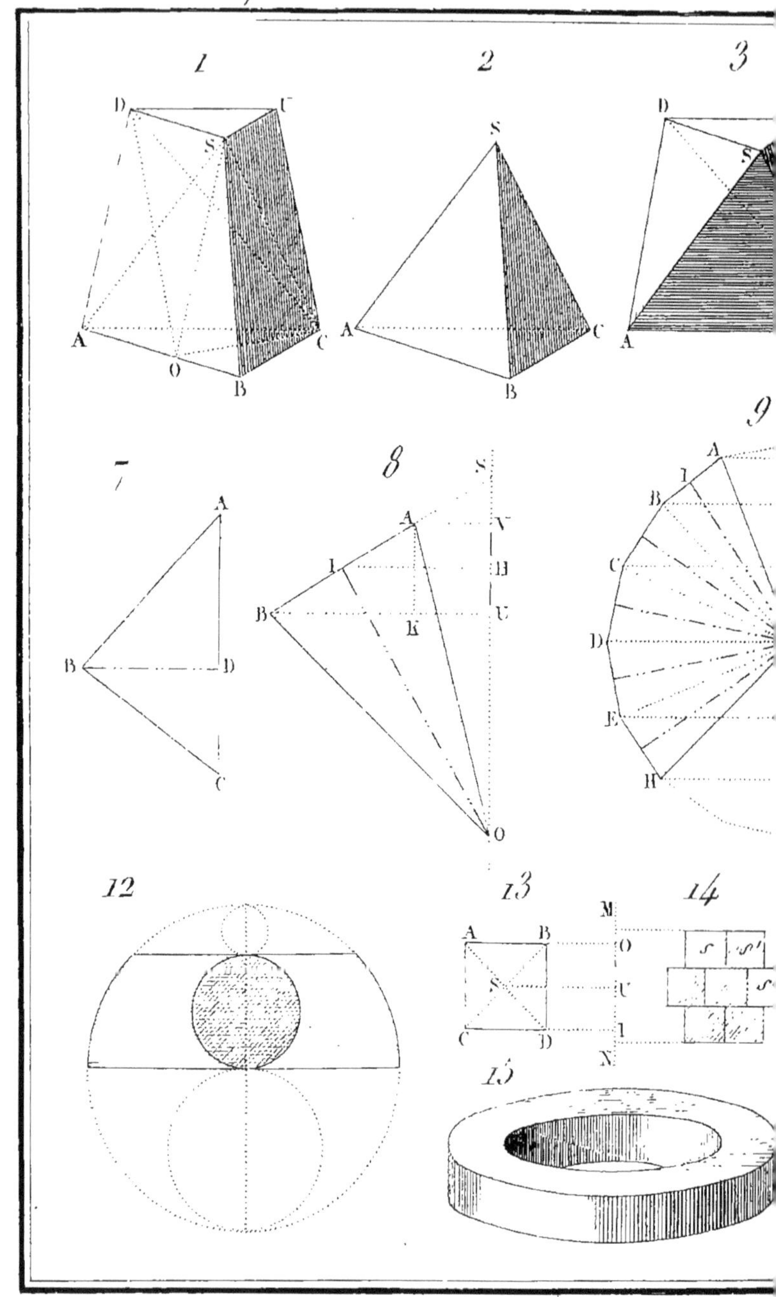

Pl. 32.

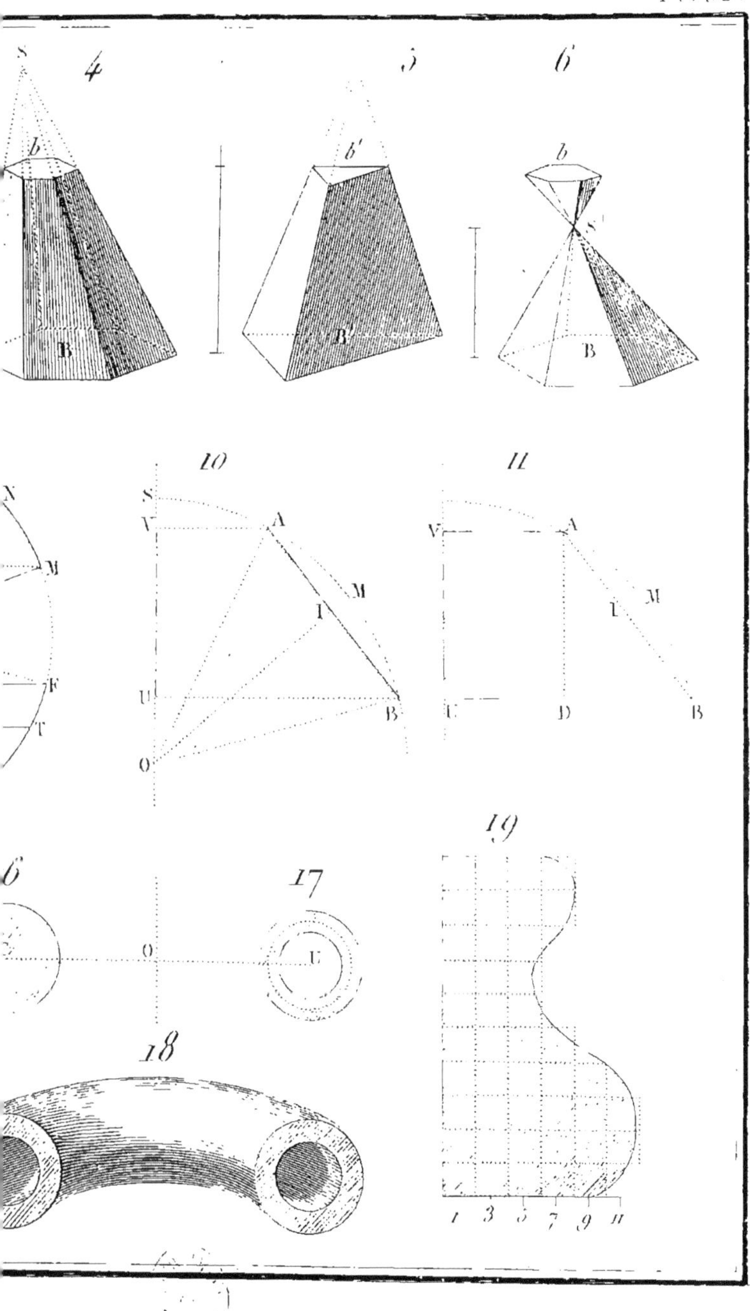

1

2

6

7

11

12

16

17

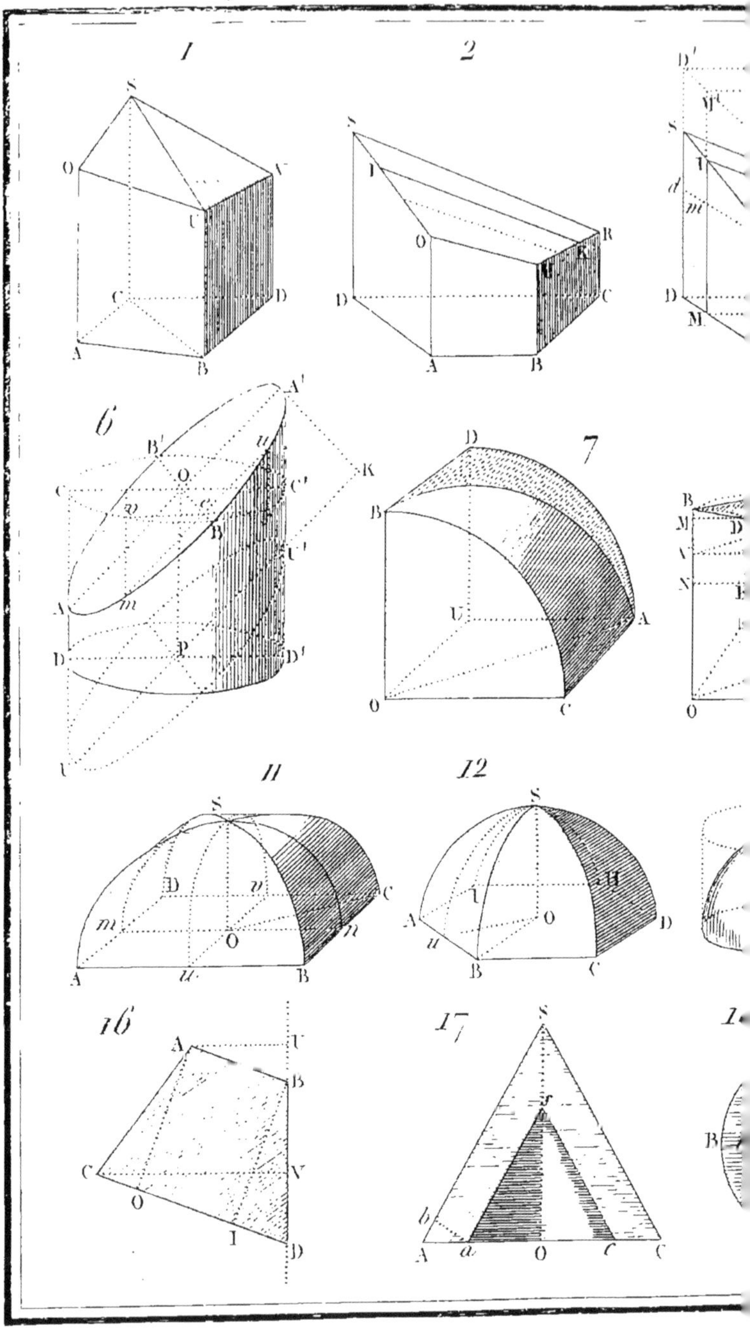

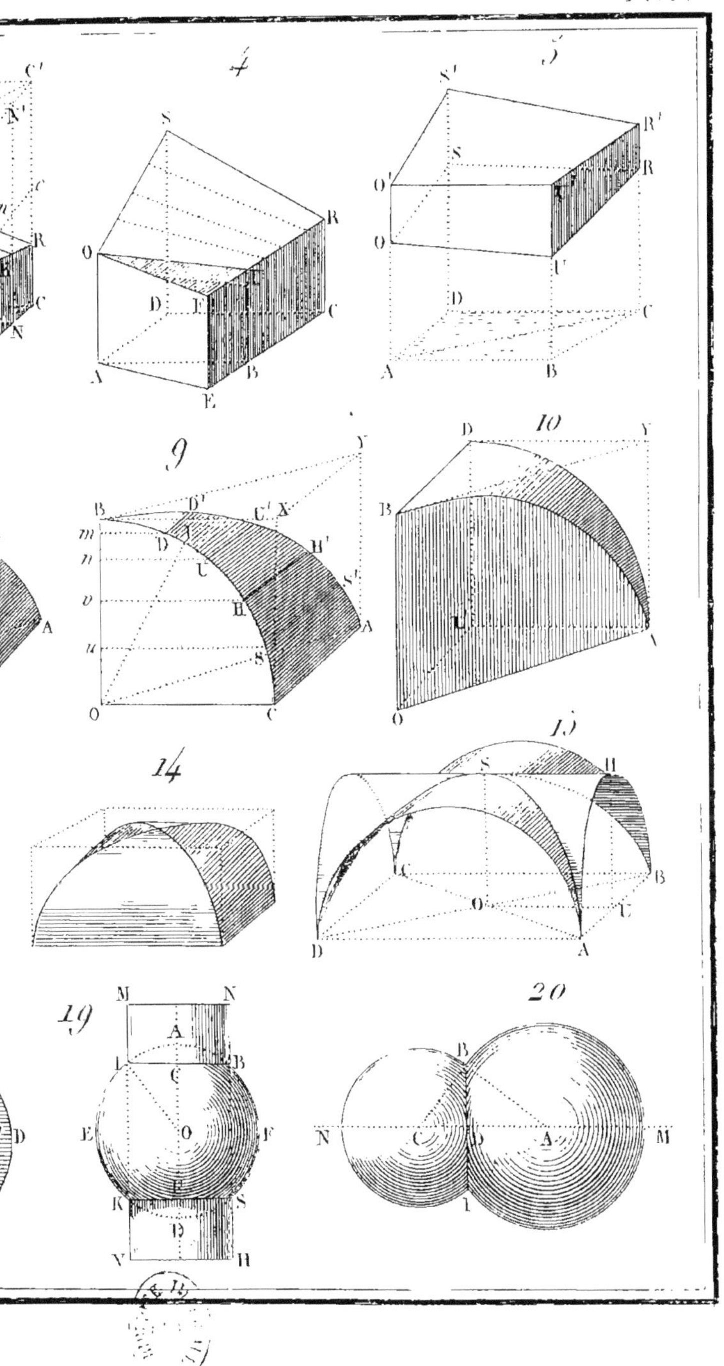
4
5
9
10
14
15
19
20

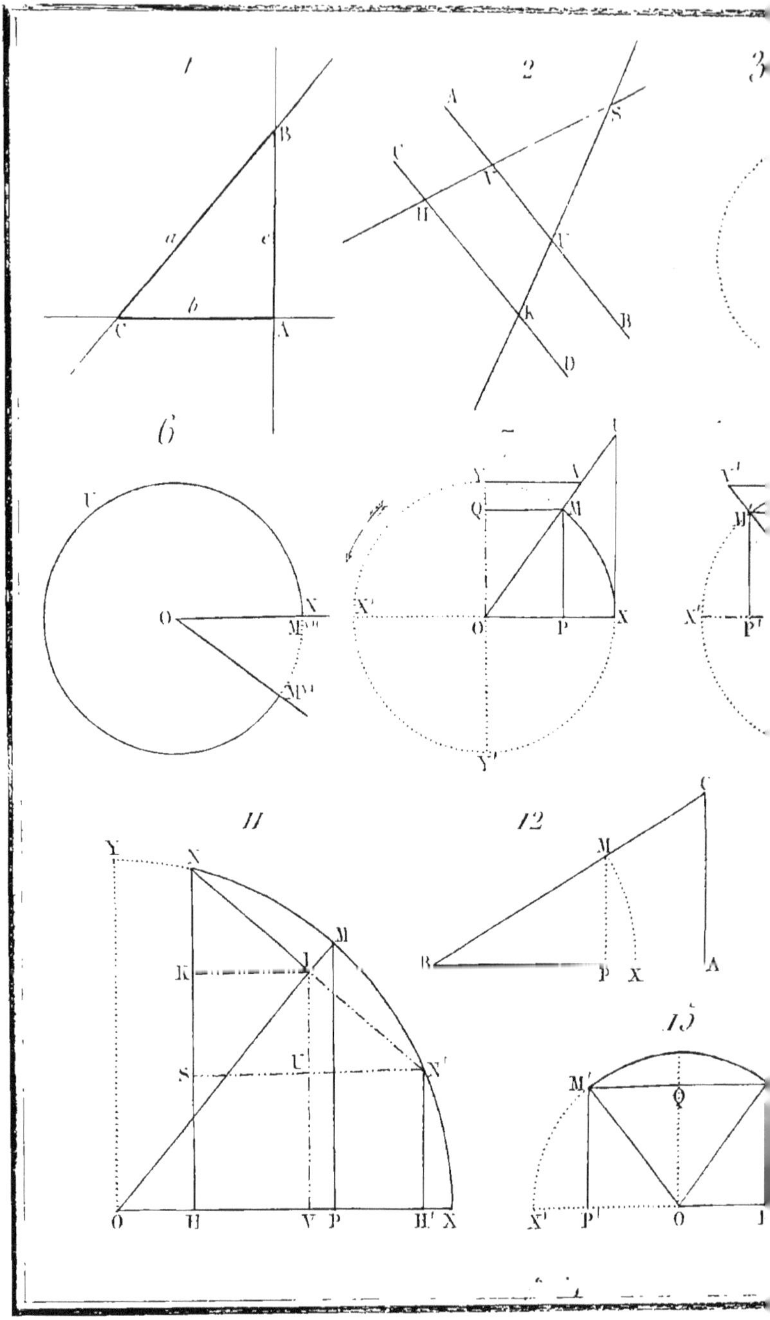
1
B
a
c
b
C
A
2
A
S
C
T
H
U
K
B
D
3
6
U
O
N
M'''
M''
Y
V
Q
M
X'
O
P
X
Y'
V'
M'
X'
P'
11
Y
N
M
K
I
S
U
N'
O
H
V
P
H'
X
12
C
M
B
P
X
A
15
M'
Q
X'
P'
O

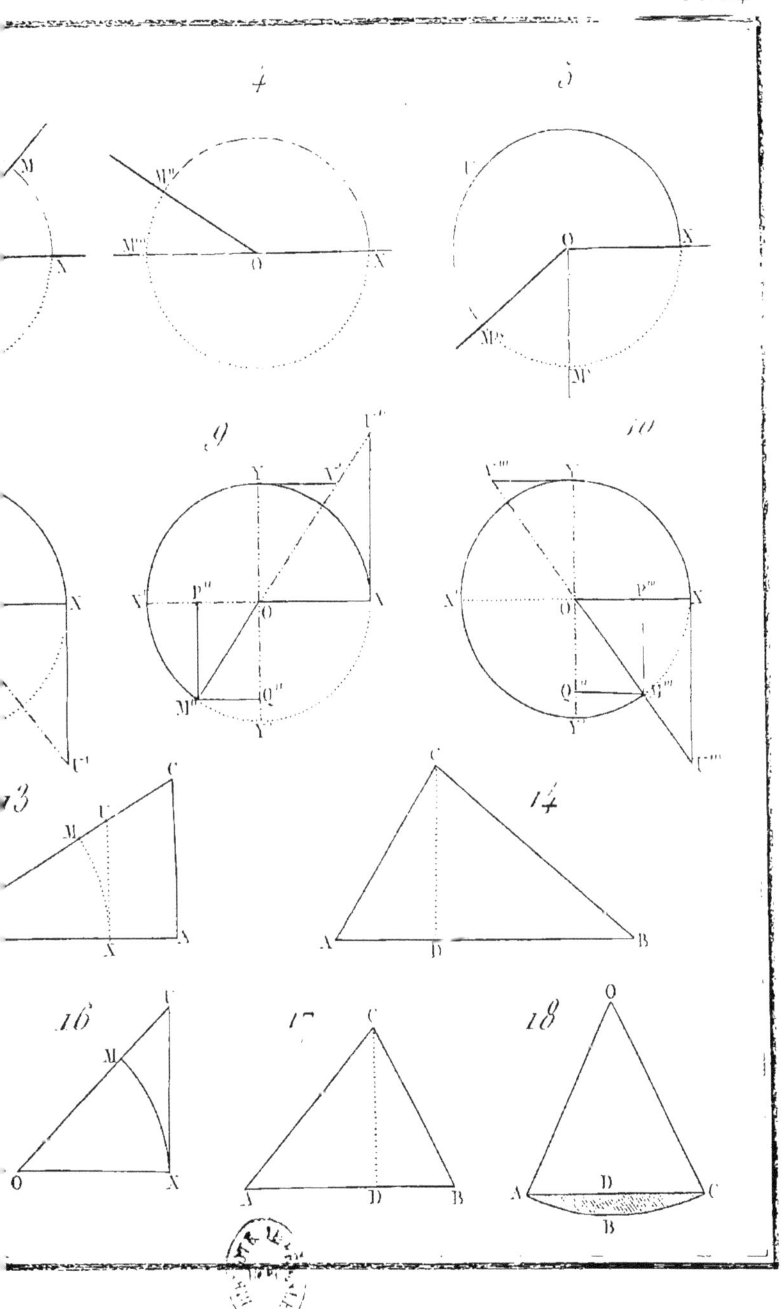
4
5
9
10
13
14
16
17
18
M
N
M''
M'''
O
U
M''
M'
Y
T'
X'
P''
Q''
Y'
T'''
P'''
Q'''
C
A
B
D

www.ingramcontent.com/pod-product-compliance
Ingram Content Group UK Ltd.
Pitfield, Milton Keynes, MK11 3LW, UK
UKHW022108190726
13855UKWH00002B/730